MOS

國際認證應考指南
Microsoft Word Expert
Exam MO-101

MO-101：Microsoft Word Expert (Word and Word 2019)

序

　　MOS 2019 的國際認證已經在疫情蔓延全球的環境下悄然上架，許多技職體系的高中職、科技大學，甚至傳統的高中、大學體制，乃至企業單位，也愈來愈重視商務應用程式領域的技能認證，在文書處理的版圖裡，Word 自然不會被忽略。屬於進階應用的 MOS Word Expert 2019 是測驗編號為 MO-101，全名為 Microsoft Office Specialist：Microsoft Word Expert 的專業級認證。

　　此次的 Word 專業級認證，涉獵的技能包含了如何管理文件、進行特殊的選項與設定，以及如何使用進階編輯和格式化功能，諸如在文件之間進行樣式、巨集的複製，以及測驗長篇文件的編輯能力，其中包含目錄、圖表目錄、索引、標號、功能變數等專業文件元素的製作與編修，以及單表、控制項、合併列印等進階的功能運用。這些實務的測驗內容都是以情境式的提問導向，讓考生融入真實的應用層面與使用時機。

　　筆者三十多年來在職場資訊教育訓練的工作中，最常接觸的對象便是最前端的使用者，十分瞭解大家所面臨的疑惑與痛點，除了不斷精進與學習外，也常鼓勵可以透過認證來驗證自己資訊專業上的能力。近十幾年來筆者也長期從事考題研究與模擬試題研發，除了實際參與 MOS 認證考試的教育與推廣，乃至世界盃競技的選手訓練 (MOS 也有國內與世界盃的比賽)，深深體會到 MOS 認證的重要與考試題型與發展及方向，真的已經愈來愈符合職場實戰上的需求。

　　MOS 的認證考試都是經由原文 (英文) 根據不同語系翻譯而來，在原汁原味、忠於原本題意的要求下，翻譯語句自然不會百分百的完美，但只要瞭解軟體的功能、特性，以及操作介面，絕對不會看不懂題目。因此，進行測驗時，務必先將整個題目讀完，尋求確實理解問題的邏輯、敘述與需求，如此才能比較容易掌控作答的方向與解題的選項和方式。此次特別根據官方公布的評量標準，設計幾組模擬試題，盡力做到擬真的目標，只要讀者仔細研讀並實作每一組考題，不熟悉的題型再根據每一個解題步驟反覆練習，一定可以輕鬆通過考試取得認證，甚至獲得滿分。期望這本著作能對您在國際認證考試之旅有些許助益，也獻上筆者無限的祝福。

王仲麒 2021 Oct 台北

01

Microsoft Office Specialist
國際認證簡介

02

細說 MOS 測驗操作介面

03

模擬試題 I

04

模擬試題 II

05

模擬試題 III

Chapter

01

Microsoft Office Specialist 國際認證簡介

Microsoft Office 系列應用程式是全球最為普級的商務應用軟體，不論是 Word、Excel 還是 PowerPoint 都是家喻戶曉的軟體工具，也幾乎是學校、職場必備的軟體操作技能。即便坊間關於 Office 軟體認證種類繁多，但是，Microsoft Office Specialist (MOS) 認證才是 Microsoft 原廠唯一且向國人推薦的 Office 國際專業認證。取得 MOS 認證除了表示具備 Office 應用程式因應工作所需的能力外，也具有重要的區隔性，可以證明個人對於 Microsoft Office 具有充分的專業知識以及實踐能力。

1-1 關於 Microsoft Office Specialist (MOS) 認證

Microsoft Office Specialist(微軟 Office 應用程式專家認證考試)，簡稱 MOS，是 Microsoft 公司原廠唯一的 Office 應用程式專業認證，是全球認可的電腦商業應用程式技能標準。透過此認證可以證明電腦使用者的電腦專業能力，並於工作環境中受到肯定。即使是國際性的專業認證、英文證書，但是在試題上可以自由選擇語系，因此，在國內的 MOS 認證考試亦提供有正體中文化試題，只要通過 Microsoft 的認證考試，即頒發全球通用的國際性證書，取電腦專業能力的認證，以證明您個人在 Microsoft Office 應用程式領域具備充分且專業的知識與能力。

取得 Microsoft Office 國際性專業能力認證，除了肯定您在使用 Microsoft Office 各項應用軟體的專業能力外，亦可提昇您個人的競爭力、生產力與工作效率。在工作職場上更能獲得更多的工作機會、更好的升遷契機、更高的信任度與工作滿意度。

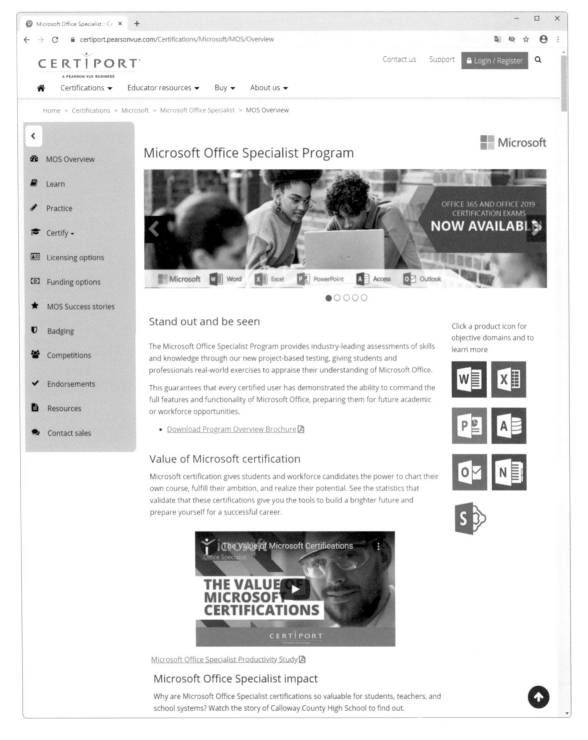

Certiport 是為全球最大考證中心，也是 Microsoft 唯一認可的國際專業認證單位，參加 MOS 的認證考試必須先到網站進行註冊。

1-2 MOS 最新認證計劃

MOS 是透過以專案為基礎的全新測驗,提供了在各行業、各領域中所需的 Office 技能和知識評估。在測驗中包括了多個小型專案與任務,而這些任務都模擬了職場上或工作領域中 Office 應用程式的實務應用。經由這些考試評量,讓學生和職場的專業人士們,以情境式的解決問題進行測試,藉此驗證考生們對 Microsoft Office 應用程式的功能理解與運用技能。通過考試也證明了考生具備了相當程度的操作能力,並在現今的學術和專業環境中為考生提供了更多的競爭優勢。

眾所周知 Microsoft Office 家族系列的應用程式眾多,最廣為人知且普遍應用於各職場環境領域的軟體,不外乎是 Word、Excel、Power Point、Outlook 及 Access 等應用程式。而這些應用程式也正是 MOS 認證考試的科目。但基於軟體應用層面與功能複雜度,而區分為 Associate 以及 Expert 兩種程度的認證等級。

Associate 等級的認證考科

Associate 如同昔日 MOS 測驗的 Core 等級,評量的是應用程式的核心使用技能,可以協助主管、長官所交辦的文件處理能力、簡報製作能力、試算圖表能力,以及訊息溝通能力。

W Word **Associate**	Exam MO-100 將想法轉化為專業文件檔案
X Excel **Associate**	Exam MO-200 透過功能強大的分析工具揭示趨勢並獲得見解
P PowerPoint **Associate**	Exam MO-300 強化與觀眾溝通和交流的能力
O Outlook **Associate**	Exam MO-400 使用電子郵件和日曆工具促進溝通與聯繫的流程

只要考生通過每一科考試測驗,便可以取得該考科認證的證書。例如:通過 Word Associate 考科,便可以取得 Word Associate 認證;若是通過 Excel Associate 考科,便可以取得 Excel Associate 認證;通過 Power Point Associate 考科,就可以取得 Power Point Associate 認證;通過 Outlook Associate 考科,就可以取得 Outlook Associate 認證。這些單一科目的認證,可以證明考生在該應用程式領域裡的實務應用能力。

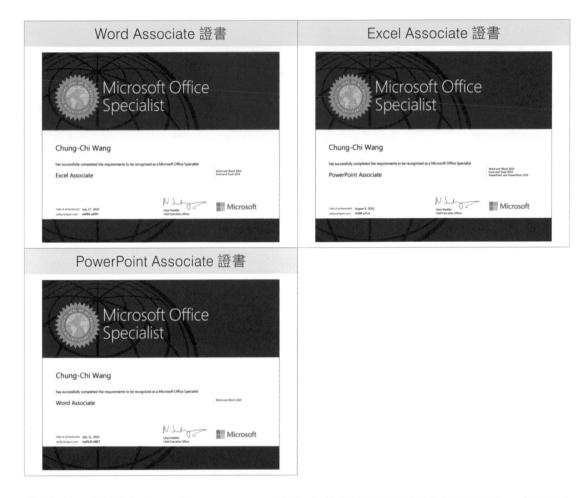

若是考生獲得上述四項 Associate 等級中的任何三項考試科目認證，便可以成為 Microsoft Office Specialist- 助理資格，並自動取得 Microsoft Office Specialist - Associate 認證的證書。

Microsoft Office Specialist - Associate 證書

Expert 等級的認證考科

此外，在更進階且專業，難度也較高的評量上，Word 應用程式與 Excel 應用程式，都有相對的 Expert 等級考科，例如 Word Expert 與 Excel Expert。如果通過 Word Expert 考科可以取得 Word Expert 證照；若是通過 Excel Expert 考科可以取得 Excel Expert 證照。而隸屬於資料庫系統應用程式的 Microsoft Access 也是屬於 Expert 等級的難度，因此，若是通過 Access Expert 考科亦可以取得 Access Expert 證照。

W Word **Expert**	Exam MO-101 培養您的 Word 技能，並更深入文件製作與協同作業的功能
X Excel **Expert**	Exam MO-201 透過 Excel 全功能的實務應用來擴展 Excel 的應用能力
A Access **Expert**	Exam MO-500 追蹤和報告資產與資訊

若是考生獲得上述三項 Expert 等級中的任何兩項考試科目認證，便可以成為 Microsoft Office Specialist- 專家資格，並自動取得 Microsoft Office Specialist - Expert 認證的證書。

Microsoft Office Specialist - Expert 證書

1-3 證照考試流程

1. 考前準備：

參考認證檢定參考書籍，考前衝刺～

2. 註冊：

首次參加考試，必須登入 Certiport 網站 (http://www.certiport.com) 進行
註冊。註冊前請先準備好英文姓名資訊，應與護照上的中英文姓名相符，
若尚未有擁有護照或不知英文姓名拼字，可登入外交部網站查詢。註冊姓
名則為證書顯示姓名，請先確認證書是否需同時顯示中、英文再行註冊。

3. 選擇考試中心付費參加考試。

4. 即測即評，可立即知悉分數與是否通過。

認證考試登入程序與畫面說明

MOS 認證考試使用的是 Compass 系統，考生必須先到 Certiport 網站申請帳號，在進入此 Compass 系統後便是透過 Certiport 帳號登入進行考試：

進入首頁後點按右上方的〔啟動測驗〕按鈕。

在歡迎參加測驗的頁面中，將詢問您今天是否有攜帶測驗組別 ID(Exam Group ID)，若有可將原本位於〔否〕的拉桿拖曳至〔是〕，然後，在輸入考試群組的文字方塊裡，輸入您所參與的考試群組編號，再點按右下角的〔下一步〕按鈕。

進入考試的頁面後，點選您所要參與的測驗科目。例如：Microsoft Excel(Excel and Excel 2019)。

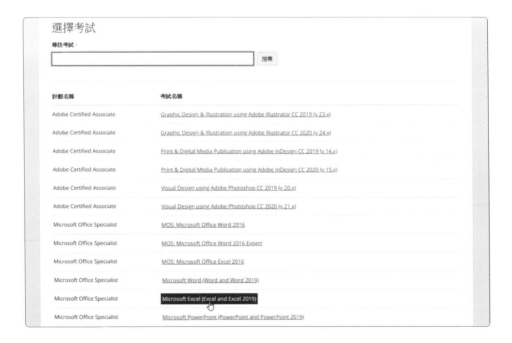

進入保密協議畫面，閱讀後在保密合約頁面點選下方的〔是，我接受〕選項，然後點按右下角的〔下一步〕按鈕。

由考場人員協助，在確認考生與考試資訊後，請監考老師輸入監評人員密碼及帳號，然後點按右下角的〔解除鎖定考試〕按鈕。

系統便開始自動進行軟硬體檢查及試設定，稍候一會通過檢查並完全無誤後點按右下角的〔下一步〕按鈕即可開始考試。

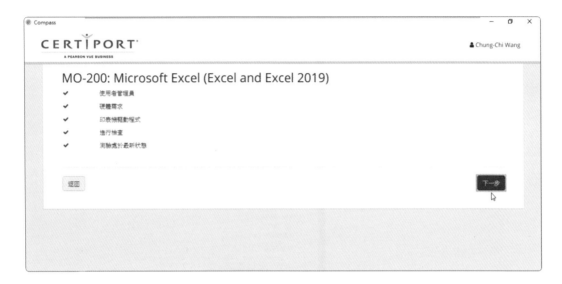

考試介面說明

考試前會有認證測驗的教學
課程說明畫面，詳細介紹了
考試的介面與操作提示，在
檢視這個頁面訊息時，還沒
開始進行考試，所以也尚未
開始計時，看完後點按右下
角的〔下一頁〕按鈕。

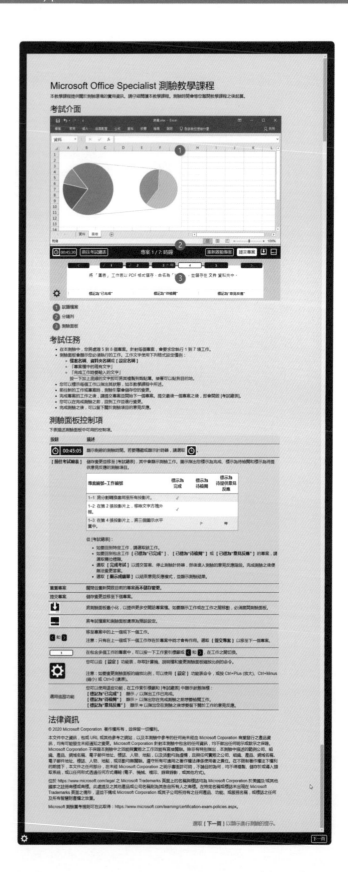

逐一看完認證測驗提示後，點按右下角的〔開始考試〕按鈕，即可開始測驗，50 分鐘的考試時間便在此開始計時，正式開始考試囉！

以 MO-200：Excel Associate 科目為例，進入考試後的畫面如下：

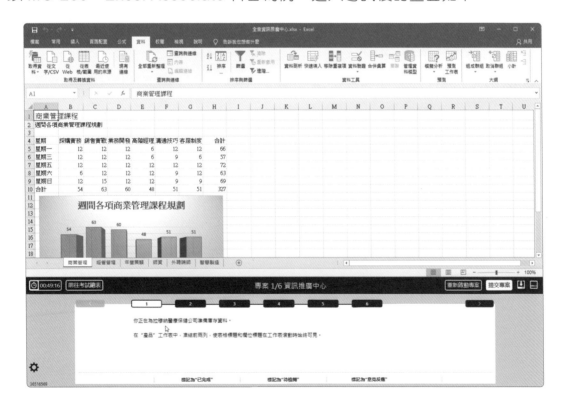

MOS 認證考試的測驗提示

每一個考試科目都是以專案為單位，情境式的敘述方式描述考生必須完成的每一項任務。以 Excel Associate 考試科目為例，總共有 6 個專案，每一個專案有 5~6 個任務必須完成，所以，在 50 分鐘的考試時間裡，要完成約莫 35 個任務。同一個專案裡的各項任務便是隸屬於相同情節與意境的實務情境，因此，您可以將一個專案視為一個考試大題，而該專案裡的每一個任務就像是考試大題的每一小題。大多數的任務描述都頗為簡潔也並不冗長，但要注意以下幾點：

1. 接受所有預設設定，除非任務敘述中另有指定要求。

2. 此次測驗會根據您對資料檔案和應用程式所做的最終變更來計算分數。您可以使用任何有效的方法來完成指定的任務。

3. 如果工作指示您輸入「特定文字」，按一下文字即可將其複製至剪貼簿。接著可以貼到檔案或應用程式，考生並不一定非得親自鍵入特定文字。

4. 如果執行任務時在對話方塊中進行變更，完成該對話方塊的操作後必須確實關閉對話方塊，才能有效儲存所進行的變更設定。因此，請記得在提交專案之前，關閉任何開啟的對話方塊。

5. 在測驗期間，檔案會以密碼保護。下列命令已經停用，且不需使用即可完成測驗：

   - 說明
   - 共用
   - 新增
   - 開啟
   - 以密碼加密

如果要變更測驗面板和檔案區域的高度，請拖曳檔案與測驗面板之間的分隔列。

前往另一個工作或專案時，測驗會儲存檔案。

細說 MOS 測驗
操作介面

全新設計的 **Microsoft 365** 暨 **Office 2019** 版本的 **MOS** 認證考試其操作介面更加友善、明確且便利。其中多項貼心的工具設計，諸如複製輸入文字、縮放題目顯示、考試總表的試題導覽，以及視窗面板的折疊展開和恢復配置，都讓考生的考試過程更加流暢、便利。

2-1 測驗介面操控導覽

考試是以專案情境的方式進行實作，在考試視窗的底部即呈現專案題目的各項要求任務 (工作)，以及操控按鈕：

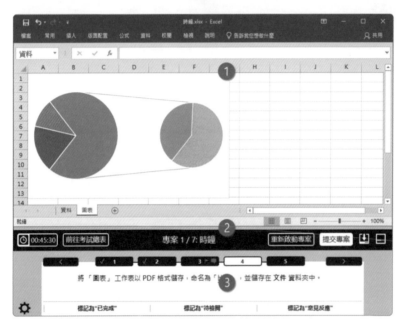

❶ 視窗上方：
試題檔案畫面

❷ 中間分隔列：
考試過程中的
導覽工具

❸ 視窗下方：
測驗題目面板

● **視窗上方：試題檔案畫面**

即測驗科目的應用程式視窗，切換至不同的專案會自動開啟並載入該專案的資料檔案。

● **中間分隔列：考試過程中的導覽工具**

在此顯示考試的剩餘時間 (倒數計時) 外，也提供了前往考試題目總表、專案名稱、重啟目前專案、提交專案、折疊與展開視窗面板以及恢復視窗配置等工具按鈕。

● 碼表按鈕與倒數計時的時間顯示

顯示剩餘的測驗時間。若要隱藏或顯示計時器，可點按左側的碼表按鈕。

- 前往考試總表按鈕

  儲存變更並移至〔考試總表〕頁面，除了顯示所有的專案任務 (測驗題目) 外，也可以顯示哪些任務被標示了已完成、待檢閱或者待提供意見反應等標記。

- 重置專案按鈕

  關閉並重新開啟目前的專案而不儲存變更。

- 提交專案按鈕

  儲存變更並移至下一個專案。

- 折疊與展開按鈕

  可以將測驗面板最小化，以提供更多空間給專案檔。如果要顯示工作或在工作之間移動，必須展開測驗面板。

- 恢復視窗配置按鈕

  可以將考試檔案和測驗面板還原為預設設定。

- **視窗下方：測驗題目面板**

  在此顯示著專案裡的各項任務工作，也就是每一個小題的題目。其中，專案的第一項任務，首段文字即為此專案的簡短情境說明，緊接著就是第一項任務的題目。而白色方塊為目前正在處理的專案任務、藍色方塊為專案裡的其他任務。左下角則提供有齒輪狀的工具按鈕，可以顯示計算機工具以及測驗題目面板的文字縮放顯示比例工具。在底部也提供有〔標記為 " 已完成 "〕、〔標記為 " 待檢閱 "〕、〔標記為 " 意見反應 "〕等三個按鈕。

測驗過程中，針對每一小題 (每一項任務)，都可以設定標記符號以提示自己針對該題目的作答狀態。總共有三種標記符號可以運用：

- **已完成：**由於題目眾多，已經完成的任務可以標記為「已完成」，以免事後在檢視整個考試專案與任務時，忘了該題目到底是否已經做過。這時候該題目的任務編號上會有一個綠色核取勾選符號。

- **待檢閱：**若有些題目想要稍後再做，可以標記為「待檢閱」，這時候題目的任務編號上會有金黃色的旗幟符號。

- **意見反應：**若您對有些題目覺得有意見要提供，也可以先標記意見反映，這時候題目的任務編號上會有淺藍色的圖說符號，您可以輸入你的意見。

只要前往新的工作或專案時，測驗系統會儲存您的變更，若是完成專案裡的工作，則請提交該專案並開始進行下一個專案的作答。而提交最後一個專案後，就可以開啟〔考試總表〕，除了顯示考試總結的題目清單外，也會顯示各個專案裡的哪些題目已經被您標示為 " 已完成 "，或者標示為 " 待檢閱 " 或準備提供 " 意見反應 " 的任務（工作）清單：

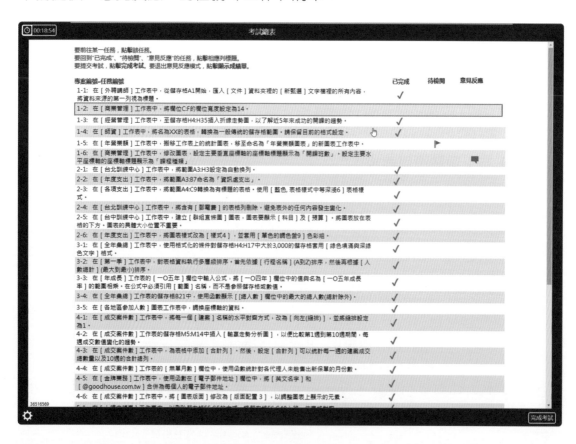

透過〔考試總表〕畫面可以繼續回到專案工作並進行變更，也可以結束考試、留下關於測驗項目的意見反應、顯示考試成績。

2-2 細說答題過程的介面操控

2-2-1 專案與任務 (題目) 的描述

在測驗面板會顯示必須執行的各項工作，也就是專案裡的各項小題。題目編號是以藍色方塊的任務編號按鈕呈現，若是白色方塊的任務編號則代表這是目前正在處理的任務。題目中有可能會涉獵到檔案名稱、資料夾名稱、對話方塊名稱，通常會以括號或粗體字樣示顯示。

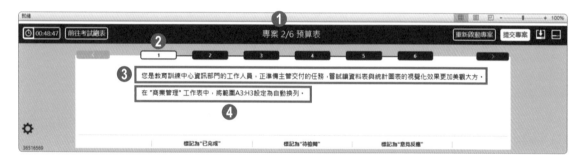

① 以 Excel Associate 測驗為例，測驗中會需要處理 6 個專案。

② 每一個專案會要求執行 5 到 6 項任務，也就是必須完成的各項工作。

③ 只有專案裡的第 1 個任務會顯示專案情境說明。

④ 專案情境說明底下便是第 1 個任務的題目。

題目中若有要求使用者輸入文字才能完成題目作答時，該文字會標示著點狀底線。

❶ 白色方塊的任務編號是目前正在處理的任務題目說明。

❷ 題目面版底部的〔標記為 " 已完成 "〕、〔標記為 " 待檢閱 "〕、〔標記為 " 意見反應 "〕等三個按鈕可以為作答中的任務加上標記符號。

2-2-2 任務的標示與切換

● 標示為 " 已完成 "

完成任務後，可以點按〔標記為 " 已完成 "〕按鈕，將目前正在處理的任務加上一個記號，標記為已經解題完畢的任務。這是一個綠色核取勾選符號。當然，這個標示為 " 已完成 " 的標記只是提醒自己的作答狀況，並不是真的提交評分。您也可以隨時再點按一下 " 取消已完成標記 " 以取消這個綠色核取勾選符號的顯示。

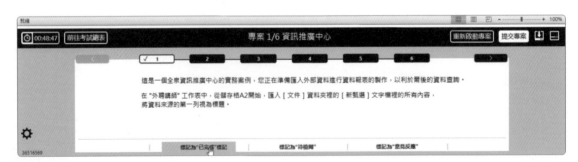

● **下一項任務 (下一小題)**

若要進行下一小題,也就是下一個任務,可以直接點按藍色方塊的任務編號按鈕,可以立即切換至該專案任務的題目。

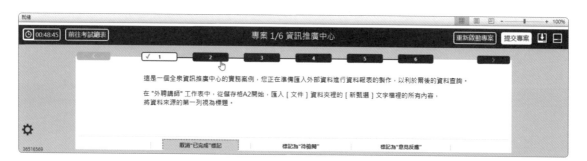

或者也可以點按題目窗格右側的〔 > 〕按鈕,換至同專案的下一個任務。

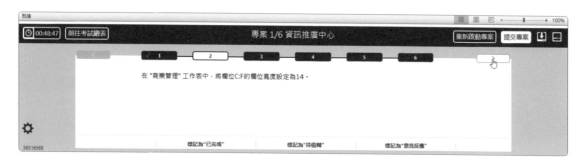

● **上一項任務 (前一小題)**

若要回到上一小題的題目,可以直接點按藍色方塊的任務編號按鈕外,也可以點按題目窗格左上方的〔 < 〕按鈕,切換至同專案的上一個任務。

● 標示為 " 待檢閱 "

除了標記已完成的標記外，也可以對題目標記為待檢閱，也就是您若不確定此題目的操作是否正確或者尚不知如何操作與解題，您可以點按面板下方的〔標記為待檢閱〕按鈕。將此題目標記為目前尚未完成的工作，稍後再伺機完成此任務。

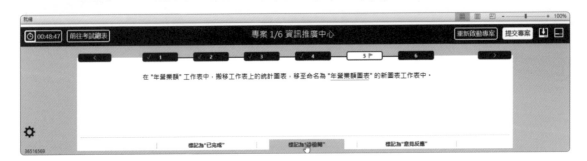

● 標示為 " 意見反應 "

您也可以將題目標記為意見反映，在爾後結束考試時，針對這些題目提供回饋意見給測驗開發小組。

❶ [標記為 " 已完成 "] 的題目會顯示綠色打勾圖示，用來指出該工作已完成。

❷ [標記為 " 待檢閱 "] 的題目會顯示黃色旗幟圖示，用來表示在完成測驗之前想要再次檢閱該工作。

❸ [標記為 " 意見反應 "] 的題目會顯示藍色圖說圖示，用來表示在測驗之後想要留下關於該工作的意見反應。

2-2-3 縮放顯示比例與計算機功能

題目面板的左下角有一個齒輪工具,點按此按鈕可以顯示兩項方便的工具,一個是「計算機」,可以在畫面上彈跳出一個計算器,免去您有需要進行算術計算時的困擾,不過,這項功能的實用性並不高。

反而是「縮放」工具比較實用,若覺得題目的文字大小太小,可以透過縮放按鈕的點按來放大顯示。例如:調整為放大 125% 的顯示比例,大一點的字型與按鈕是不是看起來比較舒服呢?

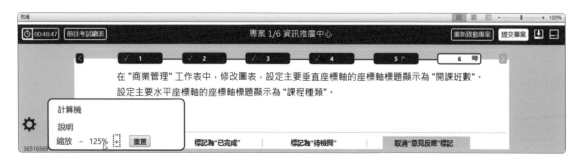

注意:如果變更測驗面板的縮放比例,也可以使用 Ctrl+(加號) 放大、Ctrl-(減號) 縮小或 Ctrl+0(零) 還原等快捷按鍵。

2-2-4 提交專案

完成一個專案裡的所有工作，或者即便尚未完成所有的工作，都可以點按題目面版右上方的〔提交專案〕按鈕，暫時儲存並結束此專案的操作，並準備進入下一的專案的答題。

在開啟再次確認是否提交專案的對話上，點按〔提交專案〕按鈕，便可以儲存目前該專案各項任務的作答結果，並轉到下一個專案。不過請放心，在正式結束整個考試之前，您都可以隨時透過考試總表的操作再度回到此專案的作答。

進入下一個專案的畫面後，除了開啟該專案的資料檔案外，下方視窗的題目面版裡也可以看到專案說明與第一項任務的題目，讓您開始進行作答。

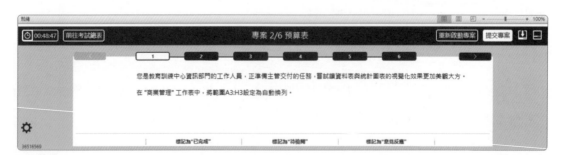

2-2-5 關於考試總表

考試系統提供有考試總結清單，可以顯示目前已經完成或尚未完成（待檢閱）的任務（工作）清單。在考試的過程中，您隨時可以點按測驗題目面板左上方的〔前往考試總表〕按鈕，在顯示確認對話方塊後點按〔繼續至考試總表〕按鈕，便可以進入考試總表視窗，回顧所有已經完成或尚未完成的工作，檢視各專案的任務題目與作答標記狀況。

切換至考試總表視窗時，原先進行中的專案操作結果都會被保存，您也可以從考試總表返回任一專案，續繼執行該專案裡各項任務的作答與編輯。即便臨時起意而切換到考試總表視窗了，只要沒有重設專案，已經完成的任務也不用再重做一次。

在〔考試總表〕頁面裡可以做的事情：

- 如要回到特定工作，請選取該工作。
- 如要回包含工作〔已標為 " 已完成 "〕、〔已標為 " 待檢閱 "〕、〔已標為 " 意見反應 "〕的專案，請選取欄位標題。
- 選取〔完成考試〕以提交答案、停止測驗計時器，然後進入測驗的意見反應階段。完成測驗之後便無法變更答案。
- 若是完成考試，可以選取〔顯示成績單〕以結束意見反應模式，並顯示測驗結果。

2-2-6 貼心的複製文字功能

有些題目會需要考生在操作過程和對話中需要輸入指定的文字，若是必須入中文字，昔日考生在作答時還必須將鍵盤事先切換至中文模式，然後再一一鍵入中文字，即便只是英文與數字的輸入，並不需要切換輸入法模式，卻也得小心**翼翼**地逐字無誤的鍵入，多個空白就不行。現在，大家有福了，新版本的操作介面在完成工作時要輸入文字的要求上，有著非常貼心的改革，因為，在專案任務的題目上，若有需要考生輸入文字才能完成工作時，該文字會標示點狀底線，只要考生以滑鼠左鍵點按一下點狀底線的文字，即可將其複製到剪貼簿裡，稍後再輕鬆的貼到指定的目地的。如下圖範例所示，只要點按一下任務題目裡的點狀底線文字「資訊處支出」，便可以將這段字複製到剪貼簿裡。

如此，在題目作答上就可以利用 **Ctrl+V** 快捷按鍵將其貼到目的地。例如：在開啟範圍〔新名稱〕的對話操作上，點按〔名稱〕文字方塊後，並不需要親自鍵入文字，而是直接 **Ctrl+V** 即可貼上剪貼簿裡的內容，是不是非常便民的貼心設計呢！

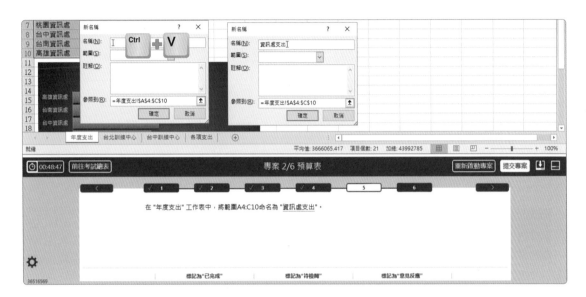

2-2-7 視窗面板的折疊與展開

有時候您可能需要更大的軟體視窗來進行答題的操作，此時，可以點按一下
測驗題目面板右上方的〔折疊工作面板〕按鈕。

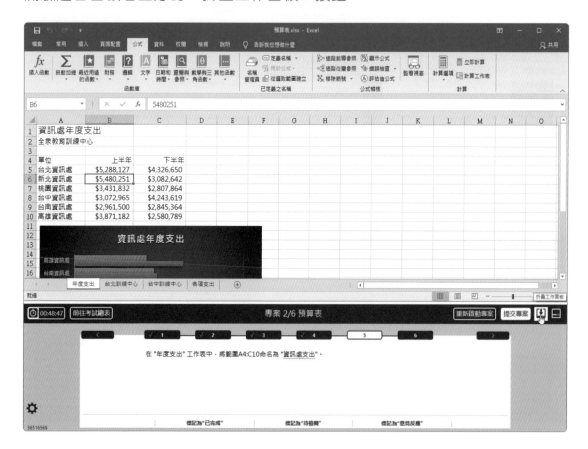

如此，視窗下方的測驗題目面板便自動折疊起來，空出更大的畫面空間來顯示整個應用程式操作視窗。若要再度顯示測驗題目面板，則點按右下角的〔展開工作面板〕按鈕即可。

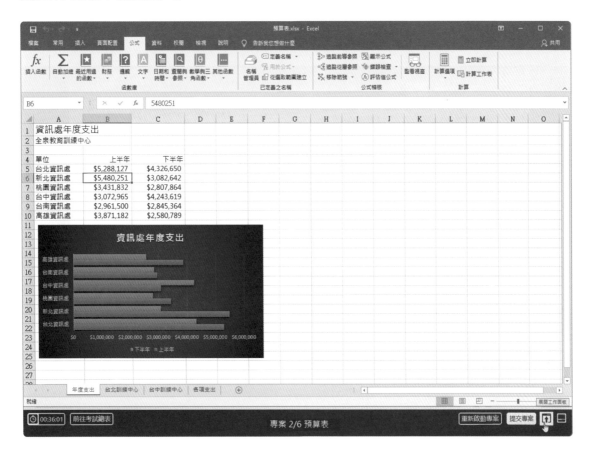

2-2-8 恢復視窗配置

或許在操作過程中調整了應用程式視窗的大小，導致沒有全螢幕或沒適當的切割視窗與面板窗格，此時您可以點按一下測驗題目面板右上方的〔恢復視窗配置〕按鈕。

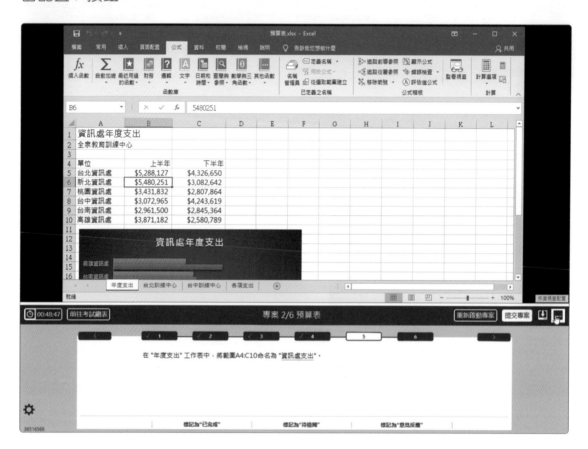

只要恢復視窗配置，當下的畫面將復原為預設的考試視窗。

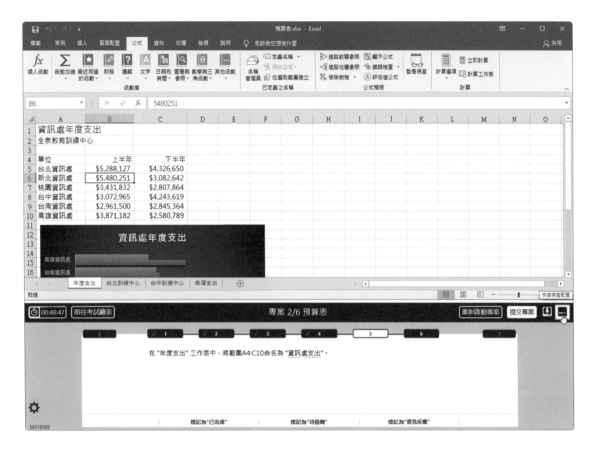

2-2-9 重新啟動專案

如果您對某個專案的操作過程不盡如意,而想要重作整個專案裡的每一道題目,可以點按一下測驗題目面板右上方的〔重新啟動專案〕按鈕。

在顯示重置專案的確認對話時,點按〔確定〕按鈕,即可清除該專案原先儲存的作答,而重置該專案讓專案裡的所有任務及文件檔案都回復到未作答前的初始狀態。

2-3 完成考試 - 前往考試總表

在考試過程中您隨時可以切換到考試總表，瀏覽目前每一個專案的各項任務題目以及其標記設定。若要完成整個考試，也是必須前往考試總表畫面，進行最後的專案題目導覽與確認結束考試。若有此需求，可以點按測驗題目面板左上方的〔前往考試總表〕按鈕。

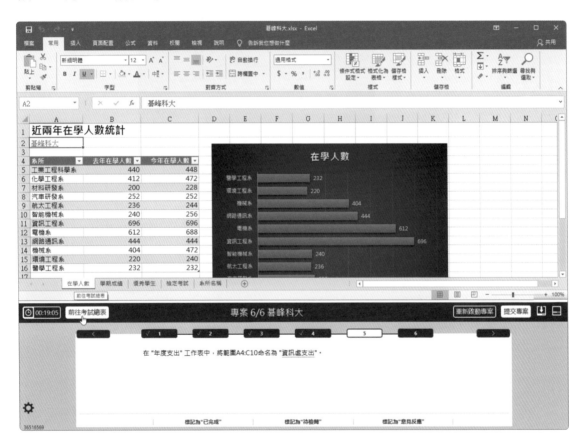

在顯示確認對話方塊後點按〔繼續至考試總表〕按鈕，才能順利進入考試總表視窗。

若是完成最後一個專案最後一項任務並點按〔提交專案〕按鈕後，不需點按〔前往考試總表〕按鈕，也會自動切換到考試總表畫面。若要完成考試，即可點按考試總表畫面右下角的〔完成考試〕按鈕。

接著，會顯示完成考試將立即計算最終成績的確認對話，此時點按〔完成考試〕按鈕即可。不過切記，一旦按下〔完成考試〕按鈕就無法再返回考試囉！

完成考試後可以有兩個選擇，其一是提供回饋意見給測驗開發小組，當然，若沒有要進行任何的意見回饋，另一項選擇便是逐行檢視考試成績。

自行決定是否留下意見反應

還記得在考試中，您若對於專案裡的題目設計有話要說，想要提供該題目之回饋意見，則可以在該任務題目上標記 " 意見反應 " 標記 (淺藍色的圖說符號)，便可以在完成考試後，也就是此時進行意見反應的輸入。例如：點按此頁面右下角的〔提供意見反應〕按鈕。

若是點按〔提供意見反應〕按鈕，將立即進入回饋模式，在視窗下方的測驗題目面板裡，會顯示專案裡各項任務的題目，您可以切換到想要提供意見的題目上，然後點按底部的〔對本任務提供意見反應〕按鈕。

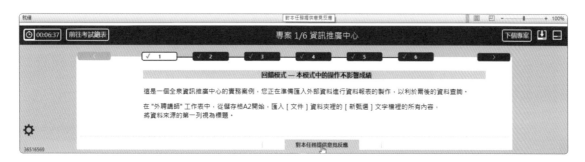

接著，開啟〔留下回應〕對話方塊後，即可在此輸入您的意見與想法，然按下〔儲存〕按鈕。

所以，您可以瀏覽至想要評論的專案工作上，點按在測驗面板底部的〔對本任務提供意見反應〕按鈕，留下給測驗開發小組針對目前測驗題目的相關意見反應。若有需求，可以繼續選取〔前往考試總表〕或者點按測驗面板有上方的〔下個專案〕以瀏覽至其他工作，依此類推，完成留下關於特定工作的意見反應。

顯示成績

結束考試後若並不想要留下任何意見反應，可以直接點按〔留下意見反應〕頁面對話右下角的〔顯示成績單〕按鈕，或者，在結束意見反應的回饋後，亦可前往〔考試總表〕頁面，點按右下角的〔顯示成績單〕按鈕，在即測即評的系統環境下，立即顯示您此次的考試成績。

MOS 認證考試的滿分成績是 1000 分，及格分數是 700 分以上，分數報表畫面會顯示您是否合格的標示，您可以直接列印或儲存成 PDF 檔。

若是勾選分數報表畫面左上方的〔Show Exam Score On Score Report instead of Pass/Fail〕核取方塊,則成績單右下方結果方塊裡會顯示您的實質分數。當然,考後亦可登入 Certiport 網站,檢視、下載、列印您的成績報表或查詢與下載列印證書副本。

2-4 MOS 2019-Word Expert MO-101 評量技能

網路已經融入生活與工作，文書編輯的方法與模式更多元，文件的產出多半也不再是出自個人心得，經常是集結眾人的智慧與結晶。因此，文件協同作業的需求與日俱增。在 Word 的文件製作技術上，樣式的管理與統一、表單的製作與編輯、合併列印的運用、文件追蹤修訂與文件的比較、檢查，以及建置組塊的建立與管理、自訂樣式與範本的設計、多重文件的協作管理、自動化的文件巨集運用、長篇文件的目錄、圖表目錄索引製作與文件的安全性，都是成為知識工作者必備的進階能力，這也正是文書作業的進階技能，也成為 Word 高階認證技能的主要評量內容。

MOS Word 2019 Expert 的認證考試代碼為 Exam MO-101，共分成以下四大核心能力評量領域：

- 管理文件選項與設定 **Manage document options and settings (20-25%)**

- 使用進階編輯化功能 **Use advanced editing and formatting features (25-30%)**

- 建立自訂文件範本 **Create custom document elements (25-30%)**

- 使用進階 Word 功能 **Use advanced Word features (20-25%)**

以下是彙整了 Microsoft 公司訓練認證和測驗網站平台所公布的 MOS Word 2019 Expert 認證考試範圍與評量重點摘要。您可以在學習前後，根據這份評量的技能，看看您已經學會了哪些必備技能，在前面打個勾或做個記號，以瞭解自己的實力與學習進程。

評量領域	評量目標與必備評量技能
1 管理文件選項與設定	**管理文件與範本**
	☐ 修改既有的文件範本
	☐ 管理文件版本
	☐ 比較與合併多份文件
	☐ 連結至外部文件內容
	☐ 啟用文件裡的巨集
	☐ 自訂快速存取工具列
	☐ 顯示隱藏的功能區索引標籤
	☐ 變更 Normal 範本的預設字型
	準備文件進行協同作業
	☐ 限制編輯
	☐ 使用密碼保護文件
	使用並設定語言選項
	☐ 設定編輯與顯示語言
	☐ 使用特定語言的功能
2 使用進階編輯化功能	**尋找、取代與貼上文件內容**
	☐ 使用萬用字元與特殊字元進行文字的尋找及取代
	☐ 尋找及取代格式化文字與樣式
	☐ 套用貼上選項
	設定段落配置選項
	☐ 設定斷字與行號
	☐ 設定段落分頁選項
	建立與管理樣式
	☐ 建立段落與字元樣式
	☐ 修改既有的樣式
	☐ 複製樣式至其他文件或範本

評量領域	評量目標與必備評量技能
3 建立自訂文件範本	**建立與修改建置組塊** ☐ 建立快速組件 ☐ 管理建置組塊 **在公式中執行邏輯運算** ☐ 建立自訂色彩集 ☐ 建立自訂字型集 ☐ 建立自訂佈景主題 ☐ 建立自訂樣式集 **建立與管理索引** ☐ 標記索引項目 ☐ 建立索引 ☐ 更新索引 **建立與管理圖表目錄** ☐ 插入圖表標號 ☐ 設定標號屬性 ☐ 插入與修改圖表目錄
4 使用進階 Word 功能	**管理表單、功能變數與控制項** ☐ 添增自訂功能變數 ☐ 修改功能變數屬性 ☐ 插入標準內容控制項 ☐ 設定標準內容控制項 **建立與修改巨集** ☐ 錄製簡單巨集 ☐ 命名簡單巨集 ☐ 編輯簡單巨集 ☐ 複製巨集至另一個文件或範本 **執行合併列印** ☐ 管理收件者清單 ☐ 插入合併欄位 ☐ 預覽合併列印結果 ☐ 建立合併列印文件、標籤與信封

2-5 模擬題組資料檔案說明

2-5-1 模擬試題檔案清單

請將實作檔案複製到您的硬碟，可將存放各模擬試題資料檔的資料夾 MO101
複製到您的硬碟 C 或 D 或隨身碟。在此〔MO101〕資料夾裡面又區分為
〔FormA〕、〔FormB〕及〔FormC〕等三個子資料夾，分別代表模擬試題
I、II 及 III 等三組模擬題目的資料檔案。

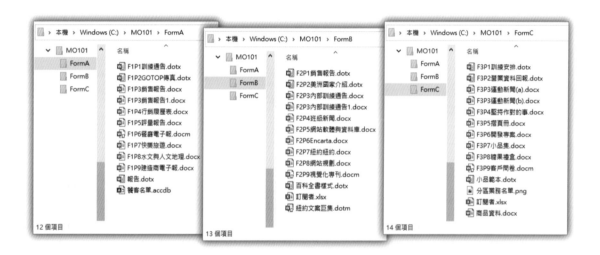

2-5-2 開啟資料檔案的方式

大多數使用者會利用檔案總管瀏覽磁碟路徑與檔案清單，若要開啟資料檔案
時，都會很直覺的以滑鼠左鍵點按兩下檔案名稱，這樣的操作方式，對於文
件檔案 (.docx) 的開啟是沒有問題的，但是若是針對範本檔案 (.dotx) 可就有
些不同了。若是以滑鼠左鍵直接點按兩下範本檔案 (.dotx)，是以該範本檔案
為基礎，建立新的文件檔案，並非修改該範本檔案。

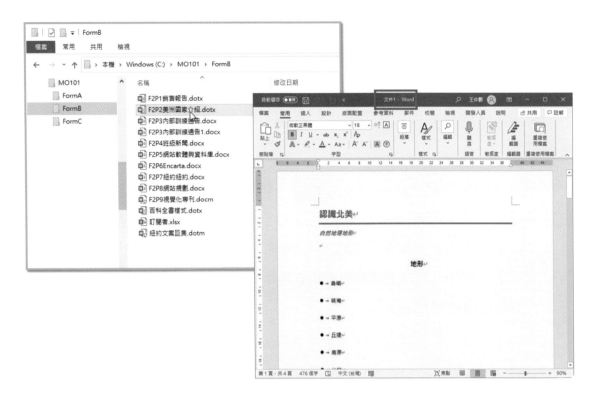

如果是以滑鼠右鍵點按範本檔案 (.dotx)，再從快顯功能表中點選〔開啟〕，
便是直接開啟該範本檔案本身進行編輯與修改，而非建立新的文件檔案。

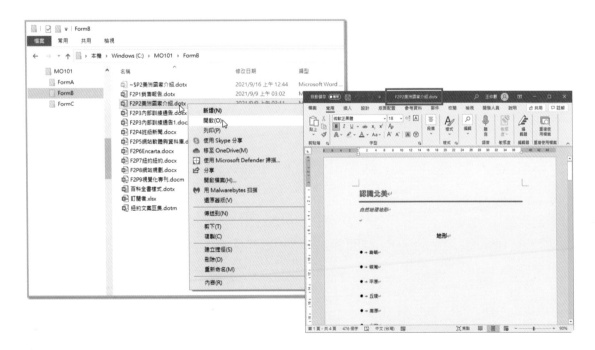

我們的模擬試題資料檔中,大多數都是文件檔案 (.docx),但有少部份檔案是屬於範本檔案 (.dotx),所以,要開啟做題時請大家特別注意。不過請放心,在正式的考試中,除非特別要求額外開啟資料檔案,否則所有的試題資料檔案不論是文件檔案還是範本檔案,都是由考試系統自動開啟,並不會造成大家的困擾。

此外,有些檔案是屬於合併列印的範例,開啟文件檔案時,需要連線至資料來源。例如:第 4 章模擬試題 II 的專案 9「視覺化專刊」,在開啟此實作檔案時,如果彈跳出「若開啟這個文件,將會執行下列 SQL 命令」的對話時,請點按「是」按鈕,然後選擇實作檔案資料夾裡的〔訂閱者 .xlsx〕這份資料來源,即可進行後續作答。

03

模擬試題 I

此小節設計了一組包含 Word 各項必備進階技能的評量實作題目，可以協助讀者順利挑戰各種與 Word 相關的進階認證考試，共計有 9 個專案，每個專案包含 1 ～ 5 項的任務。

專案 **1**　訓練通告

透過各類圖庫 (Gallery) 的運用，為文書編輯環境建立可以重複使用且圖文表並茂的內容元素。請開啟〔F1P1 訓練通告 .dotx〕檔案，此專案只有一項任務。

使用檔案：F1P1 訓練通告 .dotx

1

請修改名為「課程注意事項」的建置組塊，讓該建置組塊可以在自身段落中插入內容。

評量領域：建立自訂文件範本
評量目標：建立與修改建置組塊
評量技能：管理建置組塊

解題步驟

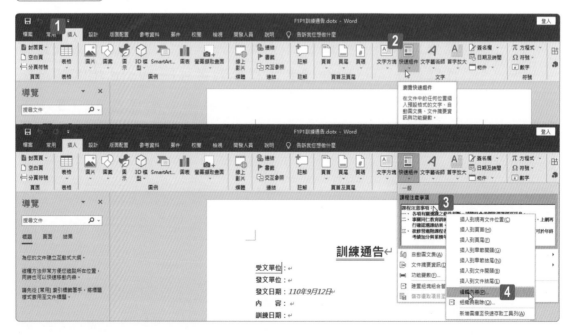

STEP**01** 點按〔插入〕索引標籤。

STEP**02** 點按〔文字〕群組裡的〔快速組件〕命令按鈕。

STEP**03** 從展開的快速組件選單中,以滑鼠右鍵點按「課程注意事項」建置組塊。

STEP**04** 從展開的快顯功能表中點選〔編輯內容〕選項。

STEP**05** 開啟〔修改建置組塊〕對話方塊,此例的〔選項〕是〔只插入內容〕,點按旁邊的下拉選項按鈕。

STEP**06** 選擇〔插入內容到它自己的段落〕選項。

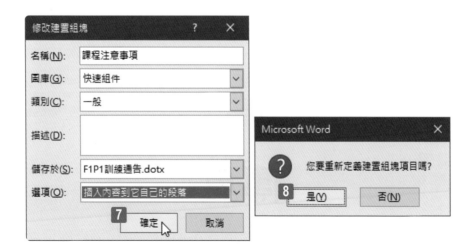

STEP**07** 點按〔確定〕按鈕,結束〔修改建置組塊〕對話方塊的操作。

STEP**08** 在重新定義建置組塊項目的詢問對話中點按〔是〕按鈕。

專案 2 GOTOP 傳真

您是資訊公司的資訊專員，正在為公司的文書系統建立常用資料辭庫的標準化，讓詞彙的運用更具一致性。請開啟〔F1P2GOTOP 傳真 .dotx〕檔案，此專案只有一項任務。

使用檔案：F1P2GOTOP 傳真 .dotx

1

請選取「碁峰資訊 GOTOP」與「圖書企劃部」等段落。然後，將所選取的文字儲存並命名為「傳真頁標題」的快速組件。並將此快速組件儲存在 GOTOP 傳真範本中，並使用名為「部門」的自訂類別名稱。

評量領域：建立自訂文件範本
評量目標：建立與修改建置組塊
評量技能：建立快速組件

解題步驟

STEP01 選取「碁峰資訊 GOTOP」與「圖書企劃部」等段落裡的連續內容。

STEP02 點按〔插入〕索引標籤。

STEP03 點按〔文字〕群組裡的〔快速組件〕命令按鈕。

STEP**04** 從展開的快速組件選單中，點選〔儲存選取項目至快速組件庫〕功能
選項。

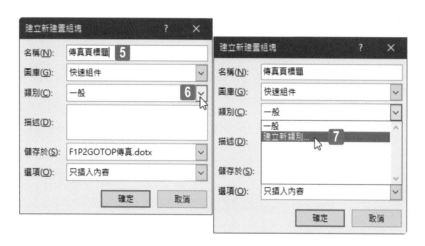

STEP**05** 開啟〔建立新建置組塊〕對話方塊，在〔名稱〕方塊裡輸入「傳真頁
標題」。

STEP**06** 點按〔類別〕旁的下拉選項按鈕。

STEP**07** 從展開的功能選單中點選〔建立新類別〕選項。

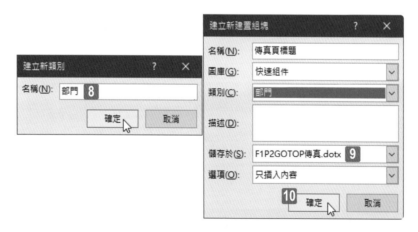

STEP**08** 開啟〔建立新類別〕對話方塊，在〔名稱〕文字方塊裡輸入「部門」
後按下〔確定〕按鈕。

STEP**09** 回到〔建立新建置組塊〕對話方塊，選擇此建置組塊的內容是儲存在
〔F1P2GOTOP 傳真 .dotx〕檔案裡。

STEP**10** 點按〔確定〕按鈕。

専案 **3**　銷售報告

您正在彙整兩份文件，需要瞭解其間的不同之處與異動之處。
請先開啟〔F1P3 銷售報告 .docx〕檔案，此専案只有一項
任務。

使用檔案：F1P3 銷售報告 .docx、F1P3 銷售報告 1.docx

1

請將目前開啟的文件與文件資料夾中的〔F1P3 銷售報告 1〕文件合併。
請在原始文件中顯示變更。請不要接受或拒絕追蹤修訂。注意：請使用
〔F1P3 銷售報告〕做為原始文件，並使用〔F1P3 銷售報告 1〕做為修訂
的文件。

評量領域：管理文件選項與設定
評量目標：管理文件與範本
評量技能：比較與合併多份文件

解題步驟

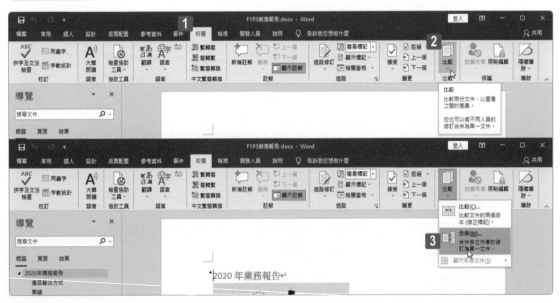

STEP01　點按〔校閱〕索引標籤。

STEP02　點按〔比較〕群組裡的〔比較〕命令按鈕。

STEP03　從展開的功能選單中點選〔合併〕功能選項。

STEP04　開啟〔合併文件〕對話方塊，點按〔原始文件〕底下的檔案導覽按鈕
　　　　(黃色資料夾按鈕)。

STEP05　開啟〔開啟舊檔〕對話方塊，切換至資料檔案的存放處。

STEP06　點選〔F1P3 銷售報告〕檔案。

STEP07　點按〔開啟〕按鈕。

STEP08　點按〔合併文件〕對話方塊右側〔修訂的文件〕底下的檔案導覽按鈕
　　　　(黃色資料夾按鈕)。

STEP**09** 開啟〔開啟舊檔〕對話方塊,切換至資料檔案的存放處。

STEP**10** 點選〔F1P3 銷售報告 1〕檔案。

STEP**11** 點按〔開啟〕按鈕。

STEP**12** 點按〔合併文件〕對話方塊左下方的〔更多〕按鈕,可以展開更多的
對話方塊選項 (若已經展開,則此按鈕會稱之為〔更少〕,讓您可以
關閉此對話方塊的展開)。

STEP**13** 點選〔將變更顯示於〕:〔原始文件〕選項。

STEP**14** 點按〔確定〕按鈕。

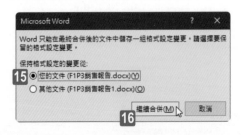

STEP**15** 最後,在保持格式設定的變更要從哪一份文件的對話中,請選擇此例
的原始文件:〔您的文件 (F1P3 銷售報告)〕選項。

STEP**16** 點按〔繼續合併〕按鈕。

專案 **4**

行銷履歷表

您是專案管理人員，正在規範文件編輯安全性，避免文件內容遭到不當的追蹤與修訂。請先開啟〔F1P4 行銷履歷表 .docx〕檔案，此專案只有一項任務。

使用檔案：F1P4 行銷履歷表 .docx

1

請設定此文件可以強制追蹤修訂。並請要求輸入密碼「update」來停止追蹤修訂。

評量領域：管理文件選項與設定

評量目標：準備文件進行協同作業

評量技能：使用密碼保護文件

解題步驟

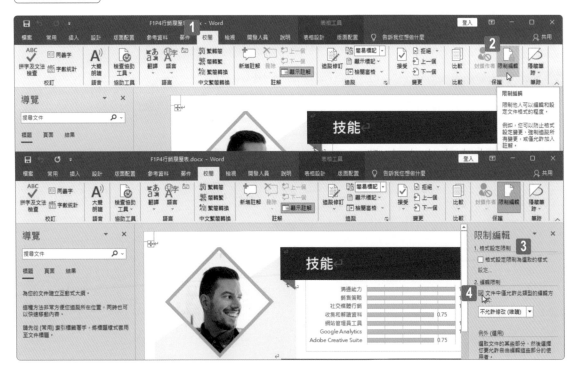

STEP**01** 點按〔校閱〕索引標籤。

STEP**02** 點按〔保護〕群組裡的〔限制編輯〕命令按鈕。

STEP**03** 畫面右側開啟〔限制編輯〕工作窗格。

STEP**04** 勾選〔2 編輯限制〕底下的〔文件中僅允許此類型的編輯方式〕核取
方塊。

STEP**05** 從展開的選單中點選〔追蹤修訂〕選項。

STEP**06** 點按〔開始強制〕底下的〔是，開始強制保護〕按鈕。

STEP**07** 開啟〔開始強制保護〕對話方塊，可在此輸入密碼。

STEP**08** 密碼必須輸入 2 次以便確認。例如：輸入「update」。

STEP**09** 完成後點按〔確定〕按鈕。

結束限制編輯的設定操作，這一小題也就大功告成了！

專案 5 評量報告

您正在為 GOTOP 企業建立應用程式開發的評量報告。請開啟〔F1P5 評量報告 .docx〕檔案，完成下列各項任務。

使用檔案：F1P5 評量報告 .docx、報告 .dotx

1 — **2** — **3** — **4**

請只將文件資料夾內「報告」樣式範本檔中的「標題 1」樣式複製至目前的文件。請覆寫現有樣式，以變更文件標題外觀。注意：請將範本中的樣式複製至文件，不要將範本附加至文件中。

評量領域：使用進階編輯化功能

評量目標：建立與管理樣式

評量技能：複製樣式至其他文件或範本

解題步驟

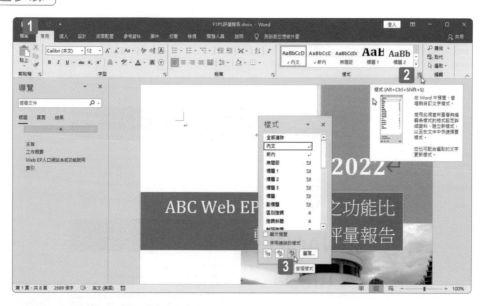

STEP**01** 點按〔常用〕索引標籤。

STEP**02** 點按〔樣式〕群組旁的樣式設定按鈕。

STEP**03** 開啟〔樣式〕窗格，點按下方的〔管理樣式〕按鈕。

^{STEP}**04** 開啟〔管理樣式〕對話方塊,點按〔匯入 / 匯出〕按鈕。

^{STEP}**05** 開啟〔組合管理〕對話方塊,點按〔樣式〕頁籤。

^{STEP}**06** 目前右邊預設開啟的是 Normal.dotm 範本檔案,點按〔關閉檔案〕
按鈕。

STEP07 關閉 Normal.dotm 範本檔案後點按〔開啟檔案〕按鈕。

STEP08 開啟〔開啟舊檔〕對話方塊，切換至資料檔案的存放處。

STEP09 點選「報告」樣式範本檔案。

STEP10 點按〔開啟〕按鈕。

STEP**11**　回到〔組合管理〕對話方塊,點選右側在〔報告.dotx〕裡的「標題
　　　　1」樣式。

STEP**12**　點按〔複製〕按鈕。

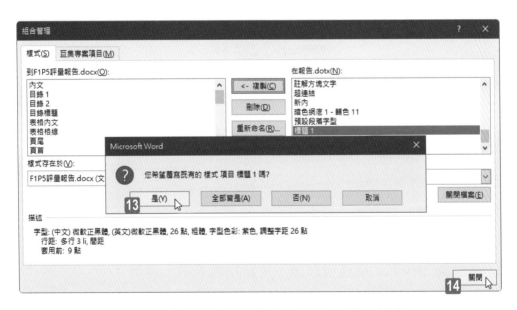

STEP**13**　彈跳出是否覆寫既有的樣式對話時,點按〔是〕按鈕。

STEP**14**　回到〔組合管理〕對話方塊,點按〔關閉〕按鈕。

| 1 | 2 | 3 | 4 |

請在「索引」章節中更新索引,將文件裡所有已經標記為索引的項目納入索引章節中。

評量領域:建立自訂文件範本

評量目標:建立與管理索引

評量技能:更新索引

解題步驟

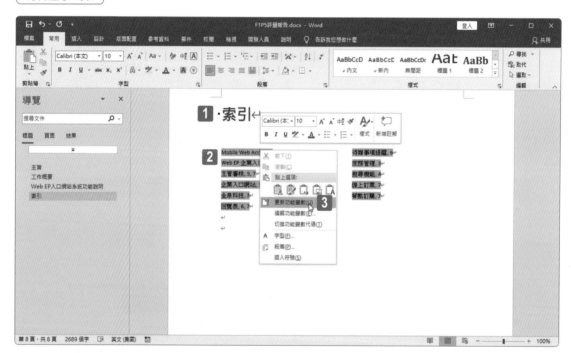

STEP01　畫面移至本文最後一頁索引所在處。

STEP02　以滑鼠右鍵點按索引目錄頁裡任何一個既有的索引項目。

STEP03　從展開的快顯功能表中點選〔更新功能變數〕選項。

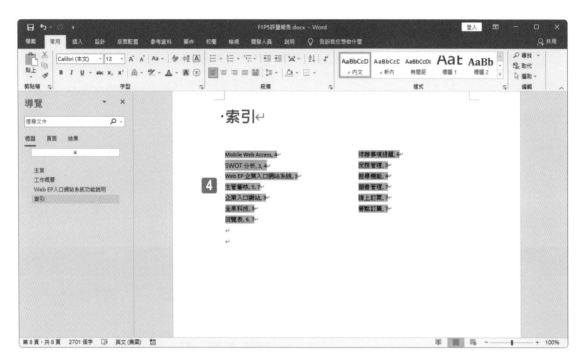

STEP**04** 立即完成索引目錄頁的更新。

1 — 2 — 3 — 4

在文件的頁尾中，請設定 FileName 欄位，以便在檔案名稱前方顯示檔案
路徑。注意：請修改欄位屬性，並不需要新增其他欄位。

評量領域：使用進階 Word 功能

評量目標：管理表單、功能變數與控制項

評量技能：修改功能變數屬性

解題步驟

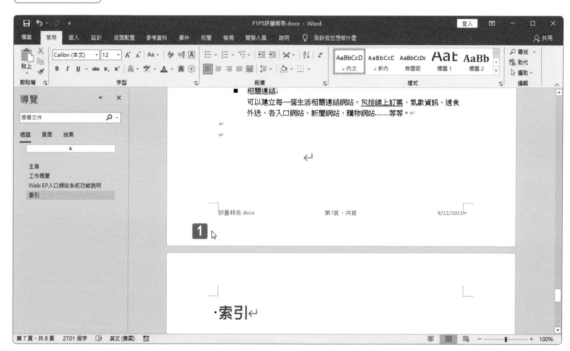

STEP 01 以滑鼠左鍵快速點按兩下任何一頁底部的頁尾區域，即可立即切換畫
面至頁首頁尾編輯環境。

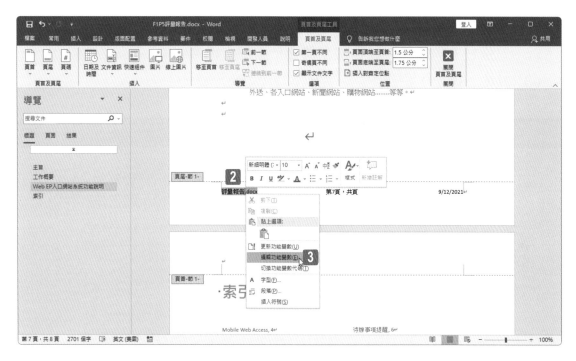

STEP02 以滑鼠右鍵點按頁尾左側 FileName 欄位功能變數,此處顯示的是灰色的檔案名稱。

STEP03 從展開的快顯功能表中點選〔編輯功能變數〕選項。

STEP04 開啟〔功能變數〕對話方塊。

STEP05 勾選右上角的〔將路徑加到檔名〕核取方塊。

STEP06 點按〔確定〕按鈕。

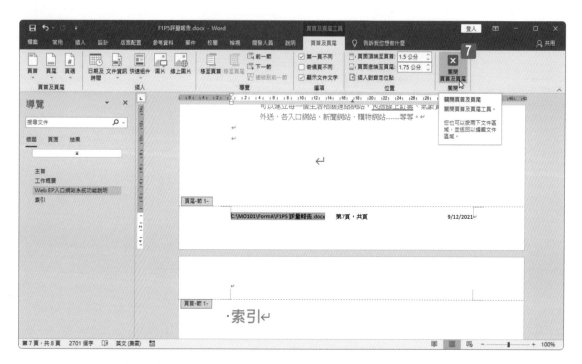

STEP07 點按〔頁首及頁尾工具〕底下〔頁首及頁尾〕索引標籤裡〔關閉〕群組內的〔關閉頁首及頁尾〕命令按鈕，結束並離開頁首頁尾的編輯環境。

請建立合併列印收件者清單，並在清單裡添增一個名字為 Sergio，且姓氏為 Wang 的項目。請將清單以「資訊工作者」為名，儲存在預設資料夾中。請不要更動收件者清單的欄位結構。

評量領域：使用進階 Word 功能
評量目標：執行合併列印
評量技能：管理收件者清單

解題步驟

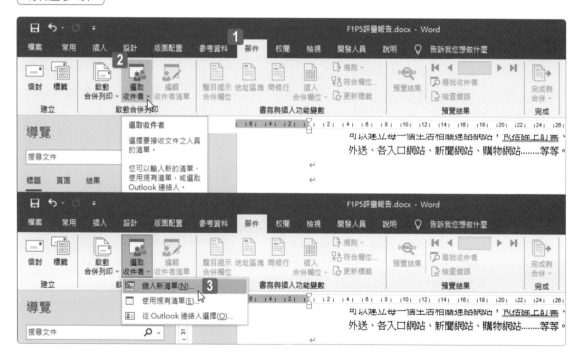

STEP01 點按〔郵件〕索引標籤。

STEP02 點按〔啟動合併列印〕群組裡的〔選取收件者〕命令按鈕。

STEP03 從展開的下拉式功能選單中點選〔鍵入新清單〕選項。

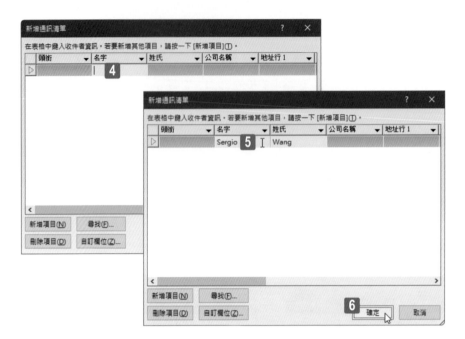

STEP**04** 開啟〔新增通訊清單〕對話方塊,看到第一筆空白的通訊清單,可在此輸入〔頭銜〕、〔名字〕、〔姓氏〕等資料欄位內容。

STEP**05** 輸入〔名字〕為「Sergio」、〔姓氏〕為「Wang」。

STEP**06** 點按〔確定〕按鈕。

STEP**07** 開啟〔儲存通訊清單〕對話方塊,使用預設的存檔路徑。

STEP**08** 輸入檔案名稱為「資訊工作者」。

STEP**09** 點按〔儲存〕按鈕。

專案 **6**　餐廳電子報

您正在為餐飲雜誌撰寫相關議題的電子報，以推廣各國美食。
請開啟〔F1P6 餐廳電子報 .docm〕檔案，完成下列各項任務。
使用檔案：F1P6 餐廳電子報 .docm、饕客名單 .accdb

1 ── **2** ── **3** ── **4**

請將使用「標題 2」樣式的所有內容變更為「標題 1」樣式。

評量領域：使用進階編輯化功能
評量目標：尋找、取代與貼上文件內容
評量技能：尋找及取代格式化文字與樣式

解題步驟

STEP**01**　點按〔常用〕索引標籤。

STEP**02**　點按〔編輯〕群組裡的〔取代〕命令按鈕。

STEP**03**　開啟〔尋找及取代〕對話方塊，並切換至〔取代〕頁籤。

STEP**04**　點按〔更多〕按鈕。

STEP05

〔尋找及取代〕對話方塊展開了更多功能選項，點按一下〔尋找目標〕文字方塊。

STEP06

點按左下角的〔格式〕按鈕。

STEP07

從展開的格式功能選單中點選〔樣式〕選項。

STEP08

開啟〔尋找樣式〕對話方塊，選擇〔標題2〕樣式，然後按下〔確定〕按鈕。

STEP**09**

雖在〔尋找目標〕文字方塊裡看不到訊息，但是此文字方塊下方顯示著〔樣式：標題 2〕。

STEP**10**

點按一下〔取代為〕文字方塊。

STEP**11**

再次點按左下角的〔格式〕按鈕。

STEP**12**

從展開的格式功能選單中點選〔樣式〕選項。

STEP**13**

開啟〔尋找樣式〕對話方塊，選擇〔標題 1〕樣式，然後按下〔確定〕按鈕。

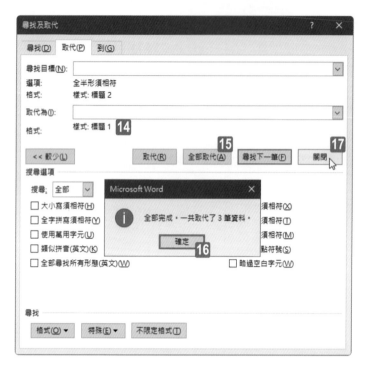

STEP14

雖在〔取代為〕文字方塊裡看不到訊息,但是此文字方塊下方顯示著〔樣式:標題1〕。

STEP15

點按〔全部取代〕按鈕。

STEP16

完成樣式的取代,點按〔確定〕按鈕。

STEP17

點按〔關閉〕按鈕,結束〔尋找及取代〕對話方塊的操作。

也有另一種做法也可以達到相同的目的。

STEP01 點按〔常用〕索引標籤。

STEP02 以滑鼠右鍵點按〔樣式〕群組裡的〔標題2〕樣式。

STEP03 從展開的快顯功能表中點選〔全選〕選項,即可立刻自動選取整份文件裡已套用〔標題2〕樣式的所有內容。

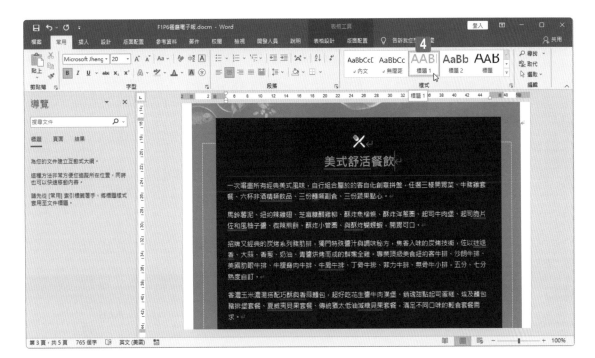

STEP04 滑鼠左鍵點按一下〔樣式〕群組裡的〔標題1〕樣式,如此剛剛自動選取已套用〔標題2〕樣式的所有內容,立即變成套用〔標題1〕樣式了。

請修改「副標題」樣式，套用實心填滿深藍，輔色 3 的文字填滿效果，以及實心線條紅色，輔色 2，較淺 40%，寬度 0.5pt 的文字外框效果。請使用「只在此文件」儲存樣式變更。

評量領域：使用進階編輯化功能

評量目標：建立與管理樣式

評量技能：修改既有的樣式

解題步驟

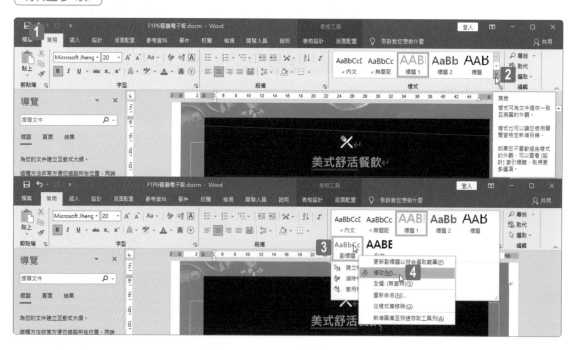

STEP01 點按〔常用〕索引標籤。

STEP02 點按〔樣式〕群組旁的〔其他〕按鈕。

STEP03 從展開的樣式清單中，以滑鼠右鍵點按一下〔副標題〕樣式。

STEP04 從展開的快顯功能表中點按〔修改〕功能選項。

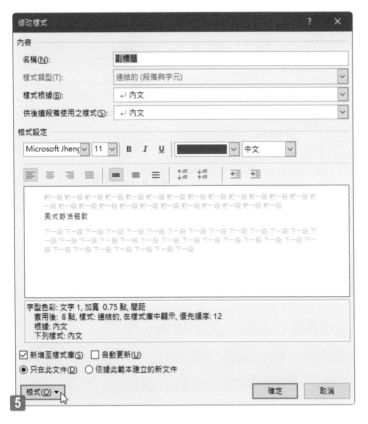

STEP05

開啟〔修改樣式〕對話方塊，點按左下角的〔格式〕按鈕。

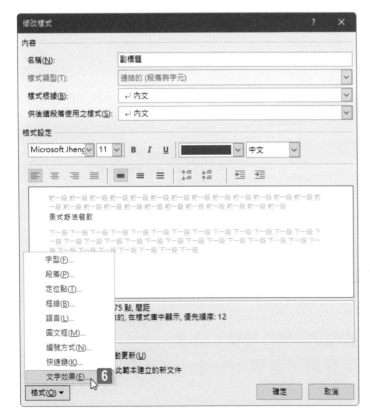

STEP06

從展開的〔格式〕功能選單中點選〔文字效果〕選項。

STEP07 開啟〔文字效果格式〕工作窗格，點按〔文字填滿〕選項。

STEP08 展開〔文字填滿〕選項後點選〔實心填滿〕選項。

STEP09 點按〔色彩〕按鈕，從開啟的色盤中點選〔深藍，輔色 3〕色彩。

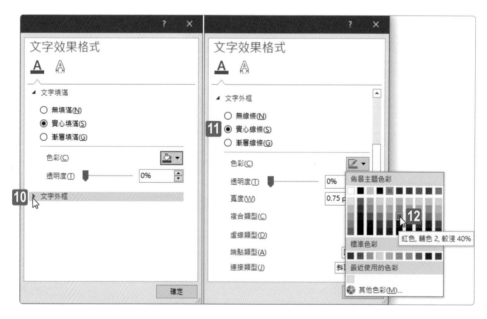

STEP10 點按〔文字外框〕選項。

STEP11 展開〔文字外框〕選項後點選〔實心線條〕選項。

STEP12 點按〔色彩〕按鈕，從開啟的色盤中點選〔紅色，輔色 2，較淺 40%〕。

STEP**13**

輸入寬度為「0.5pt」。

STEP**14**

點按〔確定〕按鈕。

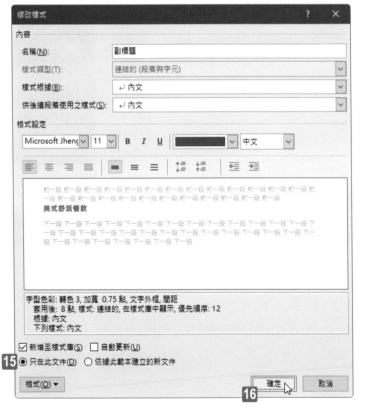

STEP**15**

回到〔修改樣式〕對話方塊，點選「只在此文件」選項。

STEP**16**

點按〔確定〕按鈕。

請編輯「size」巨集，以將巨集名稱變更為 Layout。

評量領域：使用進階 Word 功能

評量目標：建立與修改巨集

評量技能：命名簡單巨集

解題步驟

STEP**01** 點按〔開發人員〕索引標籤。

STEP**02** 點按〔程式碼〕群組裡的〔巨集〕命令按鈕。

STEP**03** 開啟〔巨集〕對話方塊，點選〔Size〕巨集。

STEP**04** 點按〔編輯〕按鈕。

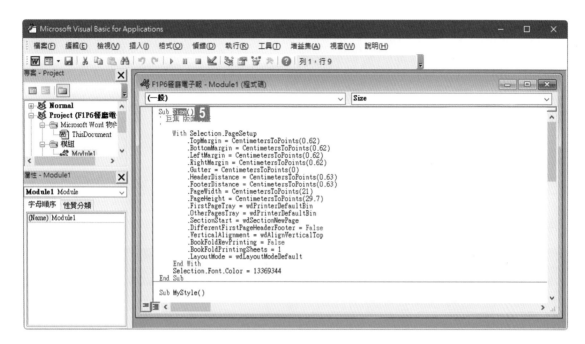

STEP**05** 開啟〔Microsoft Visual Basic for Application〕視窗,選取程式碼視窗裡原本的巨程式名稱「size」。

STEP**06** 修改巨集名稱為「Layout」。

STEP**07** 點按〔檢視 Microsoft Word〕工具按鈕可回到 Word 文件編輯視窗,繼續下一個任務的操作。

請連接至文件資料夾裡的饕客名單這個郵件合併列印資料來源。然後,預覽查看第 1 筆記錄的合併結果。

評量領域:使用進階 Word 功能

評量目標:執行合併列印

評量技能:預覽合併列印結果

解題步驟

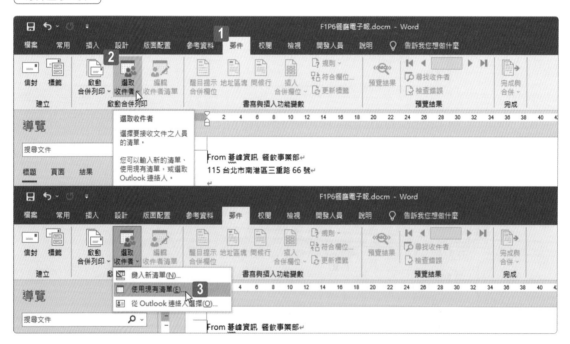

STEP01 點按〔郵件〕索引標籤。

STEP02 點按〔啟動合併列印〕群組裡的〔選取收件者〕命令按鈕。

STEP03 從展開的下拉式功能選單中點選〔使用現有清單〕功能選項。

STEP**04**　開啟〔選取資料來源〕對話方塊，切換至資料檔案的存放處。

STEP**05**　點選〔饕客名單〕檔案。

STEP**06**　點按〔開啟〕按鈕。

STEP**07**　點按〔郵件〕索引標籤。

STEP**08**　點按〔預覽結果〕群組裡的〔預覽結果〕命令按鈕。

STEP**09**　可以預覽合併列印結果。

STEP**10**　點按〔預覽結果〕群組裡的〔第一筆記錄〕命令按鈕可以立即跳至第
　　　　一筆資料預覽其內容。

班級新聞

專案 **7**

您正在為旅行社撰寫旅遊行程文件,這份文件必須設定文件的安全性。請開啟〔F1P7快樂旅遊.docx〕檔案,進行以下各項任務。

使用檔案:F1P7快樂旅遊.docx

設定此文件僅允許啟用數位簽章的巨集。

評量領域:管理文件選項與設定
評量目標:管理文件與範本
評量技能:啟用文件裡的巨集

解題步驟

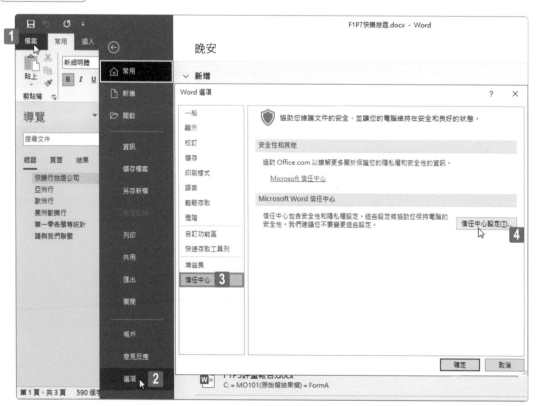

STEP**01** 點按〔檔案〕索引標籤，進入後台管理頁面。

STEP**02** 點按〔選項〕。

STEP**03** 開啟〔Word 選項〕對話視窗，點選〔信任中心〕選項

STEP**04** 點按〔信任中心設定〕按鈕。

STEP**05** 開啟〔信任中心〕對話視窗，點選〔巨集設定〕選項。

STEP**06** 點選〔巨集設定〕裡的〔除了經數位簽章的巨集外，停用所有巨集〕選項。

STEP**07** 點按〔確定〕按鈕。

STEP**08** 回到〔Word 選項〕對話視窗，點選〔確定〕按鈕。

另一種做法也可以達到相同的目的。

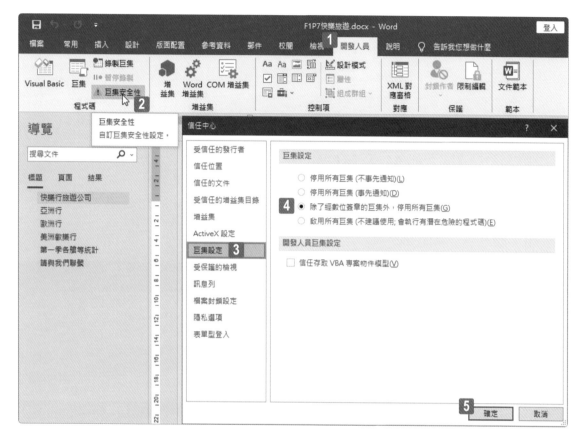

STEP**01** 點按〔開發人員〕索引標籤。

STEP**02** 點按〔程式碼〕群組裡的〔巨集安全性〕命令按鈕。

STEP**03** 開啟〔信任中心〕對話視窗,自動切換至〔巨集設定〕選項頁面。

STEP**04** 點選〔巨集設定〕裡的〔除了經數位簽章的巨集外,停用所有巨集〕選項。

STEP**05** 點按〔確定〕按鈕。

| 1 | 2 | 3 | 4 | 5 |

請設定「格式設定限制」，讓使用者只能套用內文 (Web)、內文縮排、引文、標題 1、標題 2 和標題 3 等樣式。出現提示對話訊息時，請選擇「否」以保留目前文件中的所有樣式。請不要選擇「開始強制保護」。如果選擇開始強制保護，可能會導致您無法完成此專案中的其他工作。

評量領域：管理文件選項與設定
評量目標：準備文件進行協同作業
評量技能：限制編輯

解題步驟

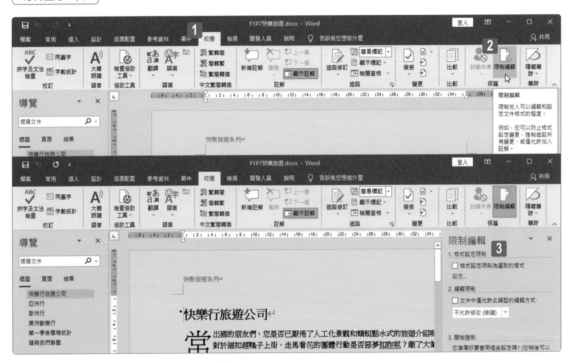

STEP01　點按〔校閱〕索引標籤。

STEP02　點按〔保護〕群組裡的〔限制編輯〕命令按鈕。

STEP03　畫面右側開啟〔限制編輯〕工作窗格。

STEP**04** 勾選〔1 格式設定限制〕底下的〔格式設定限制為選取的樣式〕核取
方塊。

STEP**05** 點按〔設定〕連結選項。

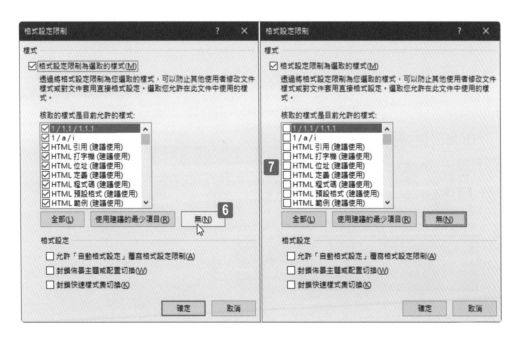

STEP**06** 開啟〔格式設定限制〕對話方塊，點按〔無〕按鈕，先取消所有目前
允許的樣式。

STEP**07** 目前沒有任何核取方塊被勾選。

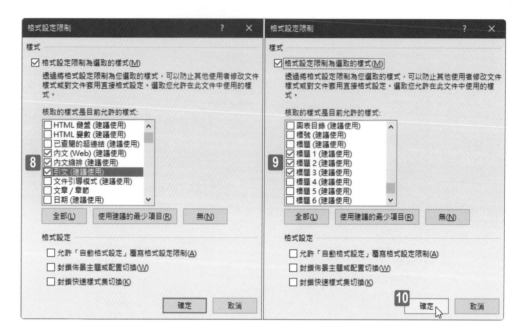

STEP08　勾選「內文 (Web)」、「內文縮排」、「引文」等核取方塊。

STEP09　再勾選「標題 1」、「標題 2」和「標題 3」等核取方塊。

STEP10　點按〔確定〕按鈕。

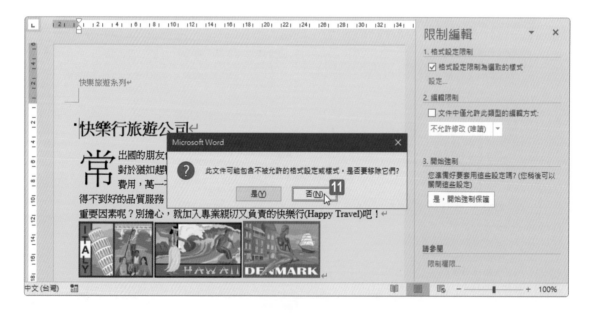

樣式。

STEP11　若文件裡已經包含了不被允許的格式設定或樣式，會彈跳出是否要移
　　　　除的這些格式或樣式的對話，請點按〔否〕按鈕。

| 1 | 2 | 3 | 4 | 5 |

請建立名為「特惠方案」,且套用微軟正黑體字型、字的大小為 12pt、粗體字型樣式,以及紫色字型色彩 (在標準色彩調色盤中) 的字元樣式。請使用「只在此文件」儲存此樣式。

評量領域:使用進階編輯化功能
評量目標:建立與管理樣式
評量技能:建立段落與字元樣式

解題步驟

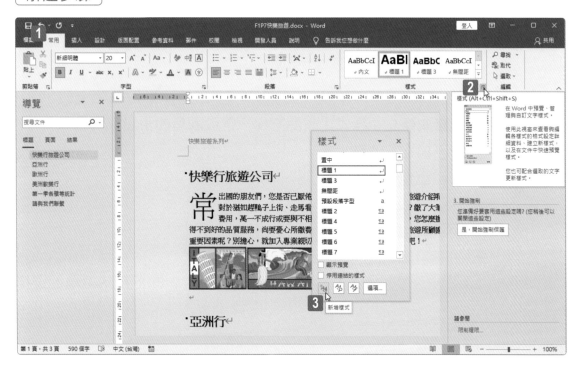

STEP **01** 點按〔常用〕索引標籤。

STEP **02** 點按〔樣式〕群組旁的樣式設定按鈕。

STEP **03** 開啟〔樣式〕窗格,點按下方的〔新增樣式〕按鈕。

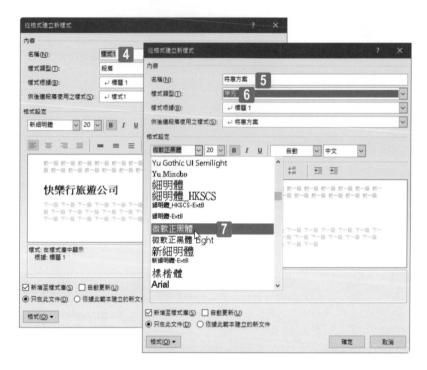

STEP04 開啟〔從格式建立新樣式〕對話方塊，選取既有的預設樣式名稱。

STEP05 輸入樣式名稱為「特惠方案」。

STEP06 點選樣式類型為〔字元〕。

STEP07 點選字型為「微軟正黑體」。

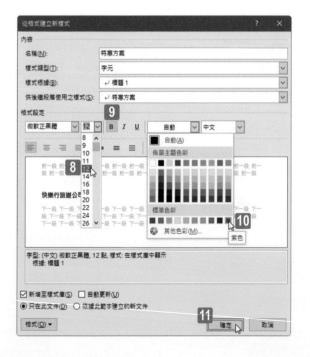

STEP08

點選字型大小的下拉式選單，選擇「12」。

STEP09

點按〔B〕設定為粗體字。

STEP10

點按字型色彩按鈕並從開啟的字型色彩色盤中點選標準色彩裡的「紫色」。

STEP11

點按〔確定〕按鈕。

1 ——— 2 ——— 3 ——— 4 ——— 5

請儲存此文件的設計元素為自訂佈景主題，並命名為「旅遊文案佈景主題」。請將此佈景主題檔案儲存在預設位置。

評量領域：建立自訂文件範本
評量目標：建立自訂設計元素
評量技能：建立自訂佈景主題

解題步驟

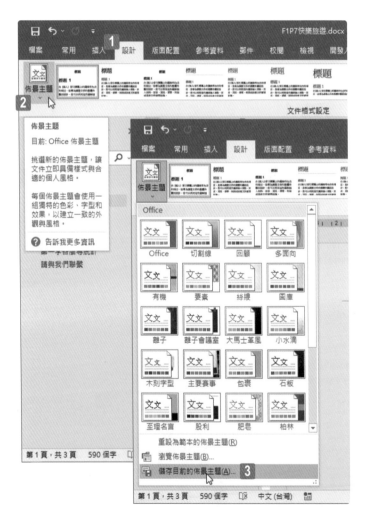

STEP**01** 點按〔設計〕索引標籤。

STEP**02** 點按〔文件格式設定〕群組裡的〔佈景主題〕命令按鈕。

STEP**03** 從展開的佈景主題選單中點選〔儲存目前的佈景主題〕功能選項。

STEP04 開啟〔儲存目前的佈景主題〕對話方塊，使用預設位置，不需要改變存檔路徑。

STEP05 選取預設的佈景主題檔案名稱並刪除。

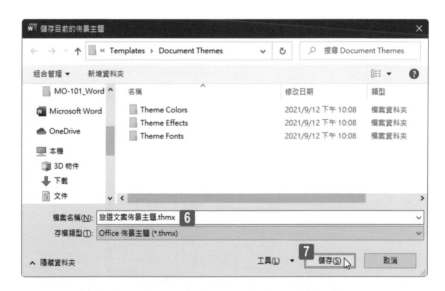

STEP06 輸入新的佈景主題檔案名稱「旅遊文案佈景主題」。

STEP07 點按〔儲存〕按鈕。

1　　2　　3　　4　　5

請移至最後一頁下方，在「日期：」文字右側插入「日期選擇器控制項」。

評量領域：使用進階 Word 功能

評量目標：管理表單、功能變數與控制項

評量技能：插入標準內容控制項

解題步驟

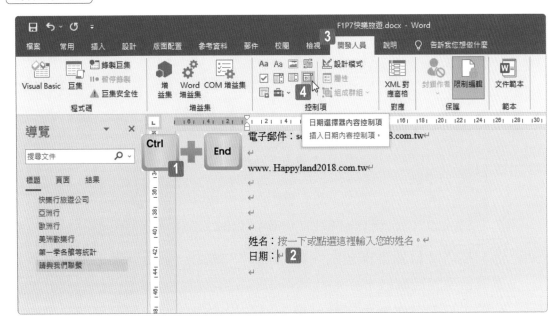

STEP01　按下 Ctrl+End 按鍵讓文字游標移動至整份文件最底部。

STEP02　將文字游標移至「日期：」文字右側。

STEP03　點按〔開發人員〕索引標籤。

STEP04　點按〔控制項〕群組裡的〔日期選擇器內容控制項〕命令按鈕。

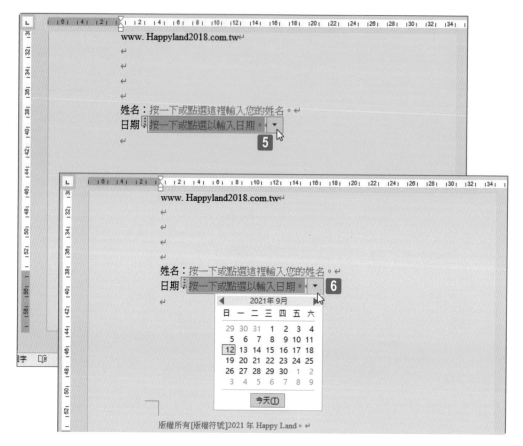

STEP05 順利插入〔日期選擇器內容控制項〕，這是一個可以透過滑鼠點按來選擇日期的控制器。

STEP06 點按〔日期選擇器內容控制項〕右側的選項按鈕，即可展開月曆來選擇日期。

專案 **8** 人文與地理

您正在為人文圖資公司製作與美洲相關的文案。請開啟〔F1P8 水文與人文地理 .docx〕,進行以下各項任務。

使用檔案:F1P8 水文與人文地理 .docx

| 1 | 2 | 3 | 4 |

在「南美聖地」小節中,請將「Santuário de Fátima」一詞的校訂語言設為「葡萄牙文 (葡萄牙)」。

評量領域:管理文件選項與設定
評量目標:使用並設定語言選項
評量技能:設定編輯與顯示語言

解題步驟

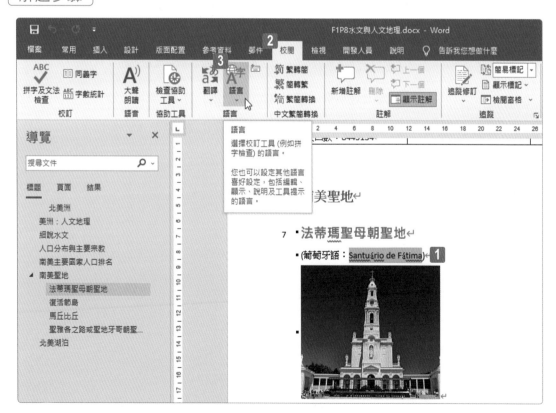

STEP**01** 選取文件裡的葡萄牙文 Santuário de Fátima」。

STEP**02** 點按〔校閱〕索引標籤。

STEP**03** 點按〔語言〕群組裡的〔語言〕命令按鈕。

STEP**04** 從展開的功能選單中點選〔設定校訂語言〕功能選項。

STEP**05** 開啟〔語言〕對話方塊，選擇「葡萄牙文 (葡萄牙)」選項。

STEP**06** 點按〔確定〕按鈕。

設定「斷字」功能為文件自動斷字。再設定行號會在每頁上方重新編號。

評量領域：使用進階編輯化功能

評量目標：設定段落配置選項

評量技能：設定斷字與行號

解題步驟

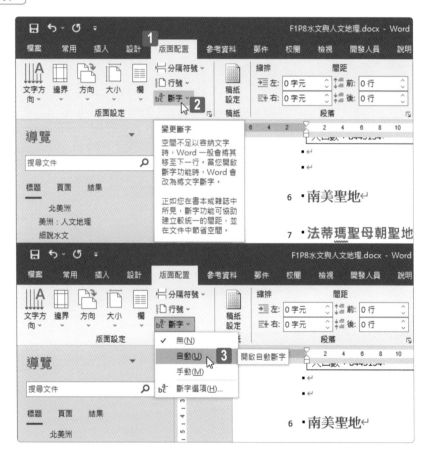

STEP**01** 點按〔版面配置〕索引標籤。

STEP**02** 點按〔版面設定〕群組裡的〔斷字〕命令按鈕。

STEP**03** 從展開的下拉式功能選單中點選〔自動〕選項。

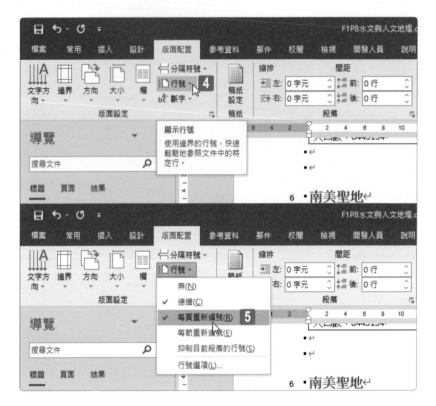

STEP**04** 點按〔行號〕命令按鈕。

STEP**05** 從展開的下拉式功能選單中點選〔每頁從新編號〕選項。

將標題文字「北美洲」標記為索引項目。

評量領域：建立自訂文件範本

評量目標：建立與管理索引

評量技能：標記索引項目

解題步驟

STEP**01** 選取文件裡的標題文字「北美洲」。

STEP**02** 點按〔參考資料〕索引標籤。

STEP**03** 點按〔索引〕群組裡的〔項目標記〕命令按鈕。

STEP**04** 開啟〔標記索引項目〕對話方塊，點按〔標記〕按鈕。

^{STEP}**05** 完成索引標記的文字，在顯示編輯標記的環境下也可以在文中看到其
索引項目的編碼 {XE…}，表示此處已經完成索引項目的標記。

^{STEP}**06** 點按〔關閉〕按鈕，結束〔標記索引項目〕對話方塊的操作。

1 ── **2** ── **3** ── **4**

在「南美主要國家人口排名」小節中,請選取第一次出現的「西班牙語系」,然後,錄製名為「語系」的巨集,將粗體和斜體以及雙底線的字型樣式套用至所選取的文字。接著,請停止錄製。請將巨集儲存在目前的文件中。

評量領域:使用進階 Word 功能
評量目標:建立與修改巨集
評量技能:錄製簡單巨集

〔解題步驟〕

為了要快速找尋文件裡的特定文字,可以開啟導覽窗格進行文字的尋找與定位。此時可點按〔檢視〕索引標籤,勾選〔顯示〕群組裡的〔功能窗格〕核取方塊,畫面左側便會開啟〔導覽〕窗格。

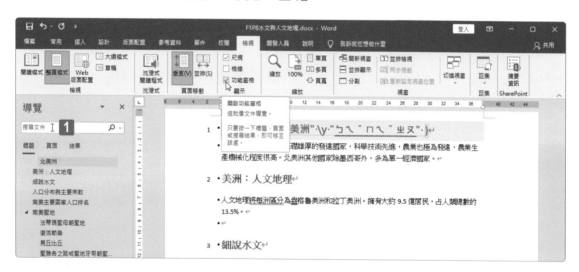

STEP**01** 點按〔導覽〕窗格裡的〔搜尋文件〕文字方塊。

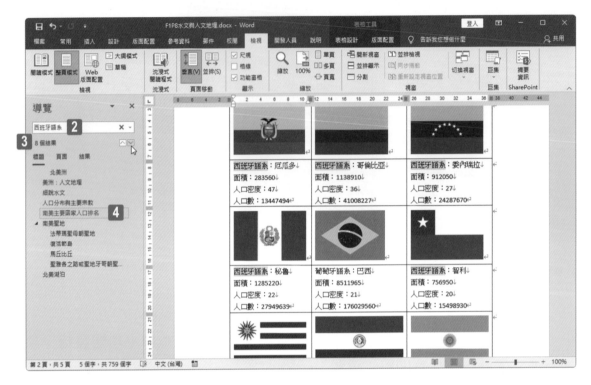

STEP02　輸入文字「西班牙語系」。

STEP03　立即顯示尋找結果。例如：此例文件裡有 8 個「西班牙語系」文字。

STEP04　〔導覽〕窗格和內文畫面立即以黃色醒目格式顯示所有的「西班牙語系」文字。

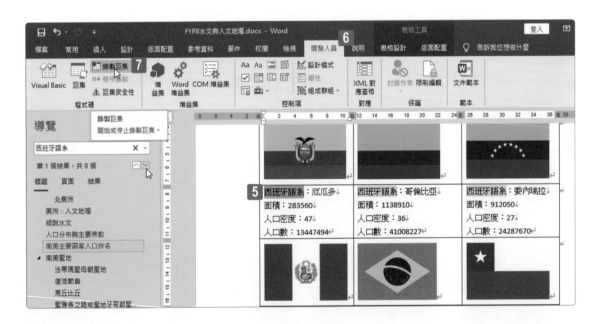

STEP**05** 選取本文裡第一次出現的「西班牙語系」文字。

STEP**06** 點按〔開發人員〕索引標籤。

STEP**07** 點按〔程式碼〕群組裡的〔錄製巨集〕命令按鈕。

STEP**08** 開啟〔錄製巨集〕對話方塊,選取預設的巨集名稱將其刪除。

STEP**09** 輸入巨集名稱為「語系」。

STEP**10** 選擇將巨集儲存在〔F1P8 水文與人文地理 .docx〕裡。

STEP**11** 點按〔確定〕按鈕開始進行巨集的錄製。

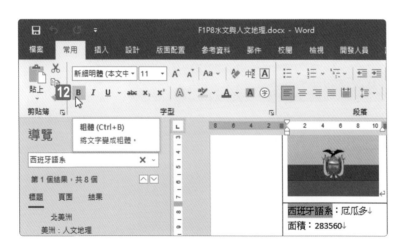

STEP**12** 點按〔常用〕索引標籤底下〔字型〕群組裡的〔B〕粗體字型樣式
按鈕。

STEP**13**

點按〔常用〕索引標籤底下〔字型〕群組裡的〔I〕斜體字型樣式按鈕。

STEP**14**

點按〔常用〕索引標籤底下〔字型〕群組裡的〔U〕底線字型樣式按鈕旁的下拉式選單按鈕。

STEP**15**

從展開的底線樣式清單中點選〔雙底線〕選項。

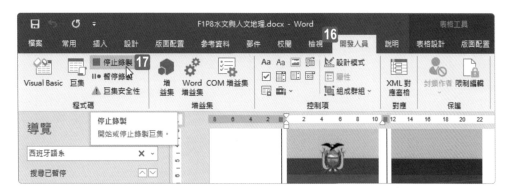

STEP**16** 點按〔開發人員〕索引標籤。

STEP**17** 點按〔程式碼〕群組裡的〔停止錄製〕命令按鈕。

其實，在巨集錄製的過程中，若要停止巨集的錄製，也可以點按 Word 視窗畫面底部狀態列裡的停止巨集錄製按鈕，是不是更方便呢！當然，這個正方形的停止錄製按鈕，必須是正在進行巨集錄製中才看得到。

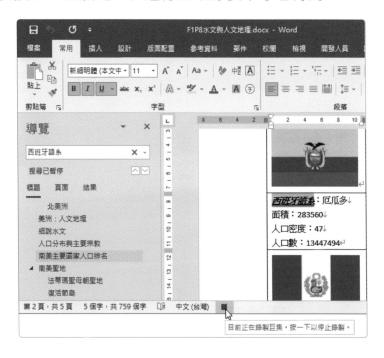

注意：考試的時候，題目裡若沒有特別指明要儲存檔案的話，是不需要進行存檔操作的。不過，在實際的應用上，含有巨集程式的 Worrd 文件無法儲存成一般的 .docx 文件檔案或者 .dotx 範本檔案，而是必須儲存為〔Word 啟用巨集的文件〕(即 .docm) 或者〔Word 啟用巨集的範本〕(即 .dotm)。

專案 9　建造商電子報

您正在為營造公司建立一份電子報。請開啟〔建造商電子報 .docx〕文件，進行以下各項任務。

使用檔案：F1P9 建造商電子報 .docx

| 1 | 2 | 3 | 4 |

請使用 Word 功能，將文件中的所有「不分行空格」更換為一般空格。

評量領域：使用進階編輯化功能

評量目標：尋找、取代與貼上文件內容

評量技能：使用萬用字元與特殊字元進行文字的尋找及取代

〔解題步驟〕

STEP01　點按〔常用〕索引標籤。

STEP02　點按〔編輯〕群組裡的〔取代〕命令按鈕。

STEP03　開啟〔尋找及取代〕對話方塊，並切換至〔取代〕頁籤。

STEP04　點按〔更多〕按鈕。

STEP05

〔尋找及取代〕對話方塊展開了更多功能選項，點按一下〔尋找目標〕文字方塊。

STEP06

點按左下角的〔特殊〕按鈕。

STEP07

從展開的格式功能選單中點選〔不分行空格〕選項。

STEP**08** 在〔尋找目標〕文字方塊裡可看到「^s」訊息,這是代表不分行空格的符號。

STEP**09** 點按一下〔取代為〕文字方塊,在此輸入一個空白格 (按一下空間棒)。

STEP**10** 點按〔全部取代〕按鈕。

STEP**11**

完成取代後點按〔確定〕按鈕。

STEP**12**

點按〔關閉〕按鈕,結束〔尋找及取代〕對話方塊的操作。

1 —— 2 —— 3 —— 4

在「圖表 1」右側，請選取以「本社區物件與其他物件」為首的整個段落。設定「分頁」選項，讓段落中的每行內容一律顯示在同一頁中。

評量領域：使用進階編輯化功能
評量目標：設定段落配置選項
評量技能：設定段落分頁選項
評量技能：建立自訂樣式集

解題步驟

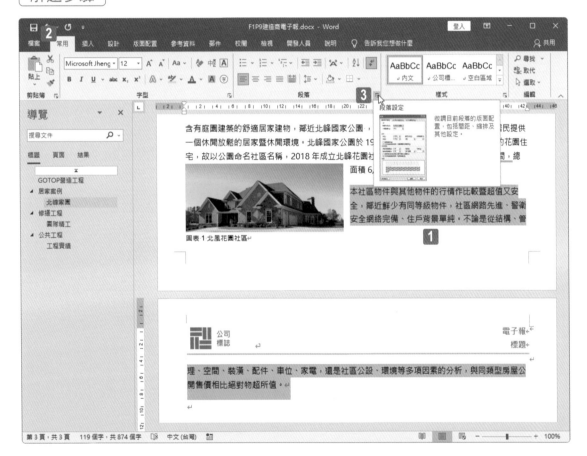

STEP01 選取「圖表 1」右側從「本社區物件與其他物件」為首的整個段落，此段落的文字稍長，造成整個段落的內容分散在前後兩頁。

STEP02 點按〔常用〕索引標籤。

STEP03 點按〔段落〕群組旁的段落對話方塊啟動器。

STEP**04** 開啟〔段落〕對話方塊，點選〔分行與分頁設定〕頁籤。

STEP**05** 勾選〔段落中不分頁〕核取方塊。

STEP**06** 點按〔確定〕按鈕，結束〔段落〕對話方塊的操作。

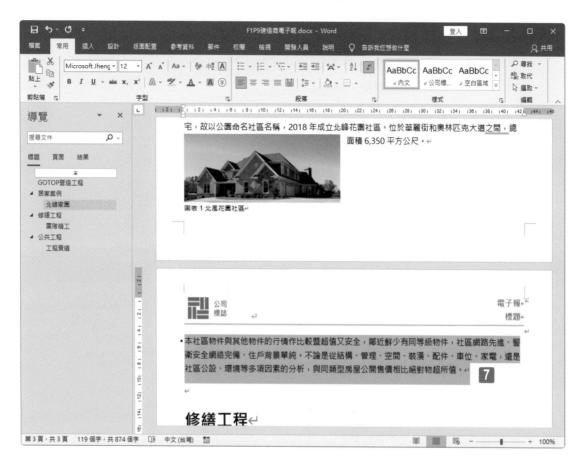

STEP**07** 原本跨頁的同一個段落文字已經強迫排版在同一個頁面裡。

請將此文件中的樣式以「專業營造工程服務」為名，儲存為「樣式集」。
並請將此「樣式集」檔案儲存在預設位置。

評量領域：建立自訂文件範本

評量目標：建立自訂設計元素

評量技能：建立自訂樣式集

解題步驟

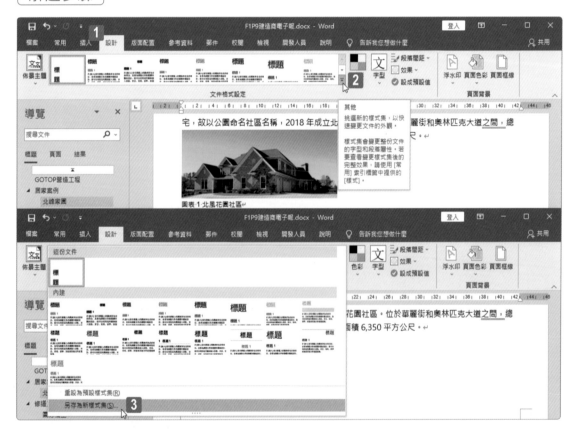

STEP**01** 點按〔設計〕索引標籤。

STEP**02** 點按〔文件格式設定〕群組裡的〔其他〕按鈕。

STEP**03** 從展開的樣式集清單中點選〔另存為新樣式集〕功能選項。

STEP**04** 開啟〔另存為新樣式集〕對話方塊,使用預設位置儲存檔案。

STEP**05** 輸入新的樣式集檔案名稱「專業營造工程服務」。

STEP**06** 點按〔儲存〕按鈕。

請在文件中第三張圖片下方,顯示標號「圖表 3 公共工程」。注意:Word
會自動加入文字:圖表 3。

評量領域:建立自訂文件範本

評量目標:建立與管理圖表目錄

評量技能:插入圖表標號

解題步驟

STEP01　點選文件裡的第三張圖片。

STEP02　點按〔參考資料〕索引標籤。

STEP03　點按〔標號〕群組裡的〔插入標號〕命令按鈕。

STEP04　開啟〔標號〕對話方塊,預設的圖表標號及號碼為「圖表 3」。

STEP**05** 在圖表標號及數字輸入之後輸入「公共工程」。

STEP**06** 點按〔確定〕按鈕。

另一種作法也可以達到相同的目的：

STEP**01** 以滑鼠右鍵點按文件裡的圖片，從展開的快顯功能表中點選〔插入標號〕功能選項。

STEP**02** 開啟〔標號〕對話方塊，進行圖表標號的相關設定。

Chapter

04

模擬試題 II

此小節設計了一組包含 **Word** 各項必備進階技能的評量實作題目，可以協助讀者順利挑戰各種與 **Word** 相關的進階認證考試，共計有 **9** 個專案，每個專案包含 **1 ～ 5** 項的任務。

專案 1 銷售報告

您是業務單位的專案經理，經常彙編銷售報告，有需要將銷售資料、訂購資料擬定專有辭庫，以利於可以在各種文件中大量重複使用。請開啟〔F2P1 銷售報告 .dotx〕檔案，此專案只有一項任務。

使用檔案：F2P1 銷售報告 .dotx

1

請修改名為「訂購須知」建置組塊，讓該建置組塊可以在自身段落中插入內容。

評量領域：建立自訂文件範本

評量目標：建立與修改建置組塊

評量技能：管理建置組塊

解題步驟

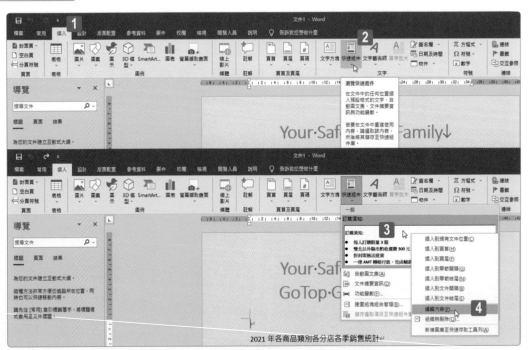

step**01**　點按〔插入〕索引標籤。

step**02**　點按〔文字〕群組裡的〔快速組件〕命令按鈕。

step**03**　從展開的快速組件選單中，以滑鼠右鍵點按「訂購須知」建置組塊。

step**04**　從展開的快顯功能表中點選〔編輯內容〕選項。

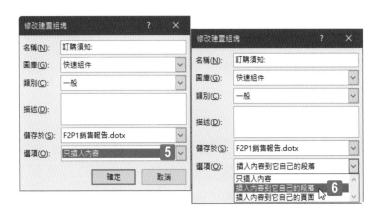

step**05**　開啟〔修改建置組塊〕對話方塊，此例的〔選項〕是〔只插入內容〕，
　　　　點按旁邊的下拉選項按鈕。

step**06**　選擇〔插入內容到它自己的段落〕選項。

step**07**　點按〔確定〕按鈕，結束〔修改建置組塊〕對話方塊的操作。

step**08**　在重新定義建置組塊項目的詢問對話中點按〔是〕按鈕。

專案 2　美洲國家介紹

您想要將經常會重複使用於各類文件的格式化圖文資料，進行整理與規範。請開啟〔F2P2 美洲國家介紹 .dotx〕檔案，此專案只有一項任務。

使用檔案：F2P2 美洲國家介紹 .dotx

1

請選取「認識北美」與「自然地理地形」等段落。然後，將所選取的文字儲存並命名為「認識北美」的快速組件。並將此快速組件儲存在 F2P2 美洲國家介紹範本中，並使用名為「旅遊」的自訂類別名稱。

評量領域：建立自訂文件範本

評量目標：建立與修改建置組塊

評量技能：建立快速組件

解題步驟

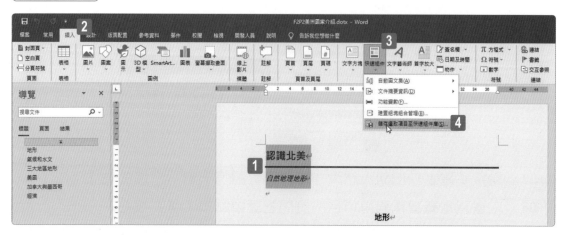

step01 選取「認識北美」與「自然地理地形」等段落裡的連續內容。

step02 點按〔插入〕索引標籤。

step**03** 點按〔**文字**〕群組裡的〔**快速組件**〕命令按鈕。

step**04** 從展開的快速組件選單中,點選〔**儲存選取項目至快速組件庫**〕功能
選項。

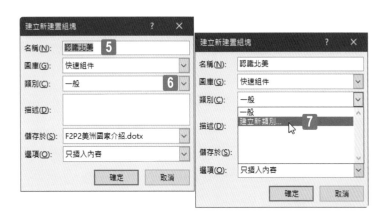

step**05** 開啟〔**建立新建置組塊**〕對話方塊,在〔**名稱**〕方塊裡輸入「認識北
美」。

step**06** 點按〔**類別**〕旁的下拉選項按鈕。

step**07** 從展開的功能選單中點選〔**建立新類別**〕選項。

step**08** 開啟〔**建立新類別**〕對話方塊,在〔**名稱**〕文字方塊裡輸入「旅遊」
後按下〔**確定**〕按鈕。

step**09** 回到〔**建立新建置組塊**〕對話方塊,選擇此建置組塊的內容是儲存在
〔**F2P2 美洲國家介紹 .dotx**〕檔案裡。

step**10** 點按〔**確定**〕按鈕。

內部訓練通告

您是人事部門主管，正準備針對不同版本的內部訓練通告進行彙整。請先開啟〔F2P3 內部訓練通告 .docx〕檔案，此專案只有一項任務。

使用檔案：F2P3 內部訓練通告 .docx、內部訓練通告 1.docx

1

請將目前開啟的文件與文件資料夾中的〔F2P3 內部訓練通告 1〕文件合併。請在原始文件中顯示變更。請不要接受或拒絕追蹤修訂。注意：請使用〔F2P3 內部訓練通告〕做為原始文件，並使用〔F2P3 內部訓練通告 1〕做為修訂的文件。

評量領域：管理文件選項與設定

評量目標：管理文件與範本

評量技能：比較與合併多份文件

解題步驟

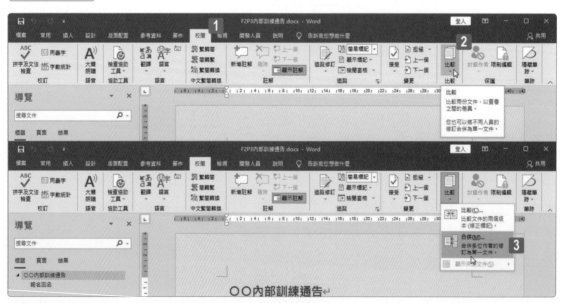

step**01** 　點按〔校閱〕索引標籤。

step**02** 　點按〔比較〕群組裡的〔比較〕命令按鈕。

step**03** 　從展開的功能選單中點選〔合併〕功能選項。

step**04** 　開啟〔合併文件〕對話方塊，點按〔原始文件〕底下的檔案導覽按鈕
　　　　(黃色資料夾按鈕)。

step**05** 　開啟〔開啟舊檔〕對話方塊，切換至資料檔案的存放處。

step**06** 　點選〔F2P3 內部訓練通告〕檔案。

step**07** 　點按〔開啟〕按鈕。

step08 點按〔合併文件〕對話方塊右側〔修訂的文件〕底下的檔案導覽按鈕
(黃色資料夾按鈕)。

step09 開啟〔開啟舊檔〕對話方塊,切換至資料檔案的存放處。

step10 點選〔F2P3 內部訓練通告 1〕檔案。

step11 點按〔開啟〕按鈕。

step**12**　點按〔合併文件〕對話方塊左下方的〔更多〕按鈕,可以展開更多的對話方塊選項(若已經展開,則此按鈕會稱之為〔更少〕,讓您可以關閉此對話方塊的展開)。

step**13**　點選〔將變更顯示於〕:〔原始文件〕選項。

step**14**　點按〔確定〕按鈕。

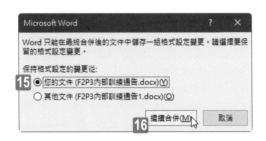

step**15**　最後,在保持格式設定的變更要從哪一份文件的對話中,請選擇此例的原始文件:〔您的文件 (F2P3 內部訓練通告)〕選項。

step**16**　點按〔繼續合併〕按鈕。

專案 **4** 班級新聞

您是系所的學務幹部，經常會編輯班級刊物，為了避免尚未發布的刊物在編輯過程中遭到不當編修，需要保持文件安全性，可以讓文件追蹤修訂的過程予以加密。請先開啟〔F2P4 班級新聞 .docx〕檔案，此專案只有一項任務。

使用檔案：F2P4 班級新聞 .docx

1

請設定此文件可以強制追蹤修訂。並請要求輸入密碼「trace」來停止追蹤修訂。

評量領域：管理文件選項與設定

評量目標：準備文件進行協同作業

評量技能：使用密碼保護文件

解題步驟

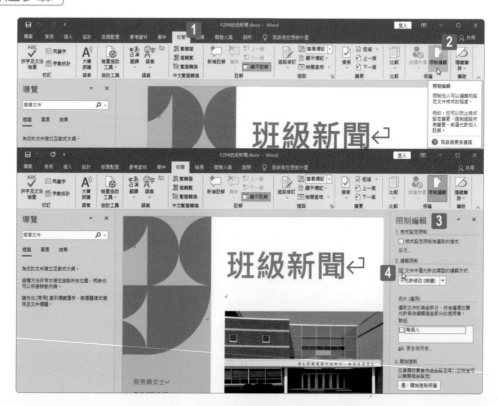

step01　點按〔校閱〕索引標籤。

step02　點按〔保護〕群組裡的〔限制編輯〕命令按鈕。

step03　畫面右側開啟〔限制編輯〕工作窗格。

step04　勾選〔2 編輯限制〕底下的〔文件中僅允許此類型的編輯方式〕核取
方塊。

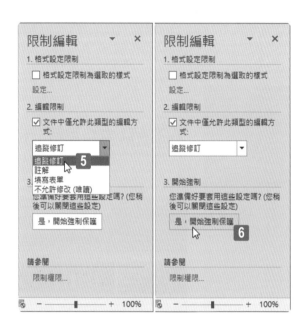

step05　從展開的選單中點選〔追蹤修訂〕選項。

step06　點按〔開始強制〕底下的〔是，開始強制保護〕按鈕。

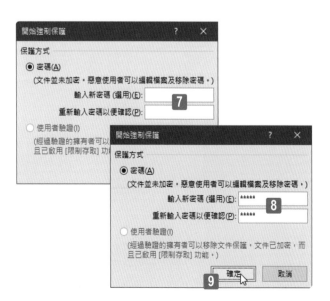

step**07**　開啟〔**開始強制保護**〕對話方塊，可在此輸入密碼。

step**08**　密碼必須輸入 2 次以便確認。例如：輸入「trace」。

step**09**　完成後點按〔**確定**〕按鈕。

結束限制編輯的設定操作，這一小題也就大功告成了！

專案 **5**

網站軟體與資料庫

您正在編撰網頁設計與資料運用庫的相關書籍,為此建立小別冊。請先開啟〔F2P5 網站軟體與資料庫.docx〕檔案,完成以下各項任務。

使用檔案:F2P5 網站軟體與資料庫.docx

| 1 | 2 | 3 | 4 |

請使用 Word 功能,將文件中所有手動分行符號,更換為段落標記。

評量領域:使用進階編輯化功能

評量目標:尋找、取代與貼上文件內容

評量技能:使用萬用字元與特殊字元進行文字的尋找及取代

解題步驟

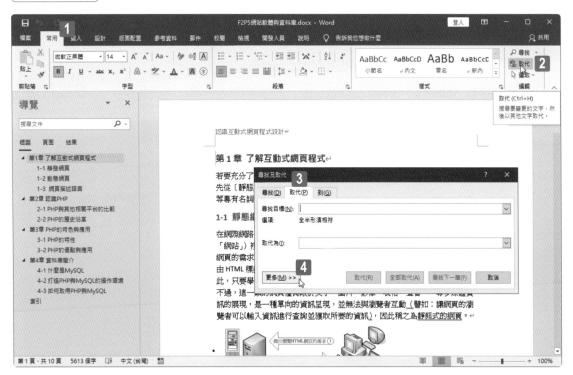

step**01**　點按〔常用〕索引標籤。

step**02**　點按〔編輯〕群組裡的〔取代〕命令按鈕。

step**03**　開啟〔尋找及取代〕對話方塊，並切換至〔取代〕頁籤。

step**04**　點按〔更多〕按鈕。

step**05**　〔尋找及取代〕對話方塊展開了更多功能選項，點按一下〔尋找目標〕
　　　　文字方塊。

step**06**　點按左下角的〔特殊〕按鈕。

step07

從展開的格式功能選單中
點選〔手動分行符號〕
選項。

step08

在〔尋找目標〕文字方塊裡
可看到「^l」訊息,這是代
表手動分行的符號。

step09

點按一下〔取代為〕文字
方塊。

step10

再次點按左下角的〔特殊〕
按鈕。

step11

從展開的格式功能選單中
點選〔段落標記〕選項。

step12

在〔取代為〕文字方塊裡可
看到「^p」訊息，這是代表
段落標記的符號。

step13

點按〔全部取代〕按鈕。

step**14**

完成取代後點按〔確定〕
按鈕。

step**15**

返回〔尋找及取代〕對話方
塊，點按〔關閉〕按鈕。

請在「索引」章節中更新索引，將文件裡所有已經標記為索引的項目納入索引章節中。

評量領域：建立自訂文件範本

評量目標：建立與管理索引

評量技能：更新索引

解題步驟

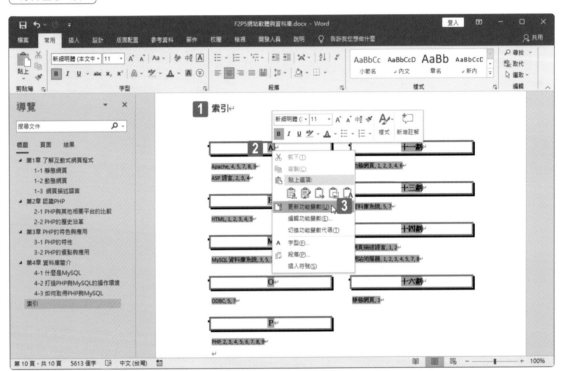

step01　畫面移至本文最後一頁索引所在處。

step02　以滑鼠右鍵點按索引目錄頁裡任何一個既有的索引項目。

step03　從展開的快顯功能表中點選〔更新功能變數〕選項。

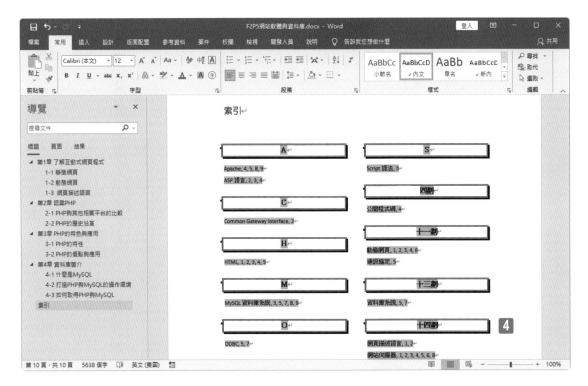

step**04**　立即完成索引目錄頁的更新。

1 ━━━ **2** ━━━ **3** ━━━ **4**

在文件的頁尾右側,請設定 FileName 欄位,以便在檔案名稱前方顯示檔案路徑;並且將頁尾左側原本羅馬數字編號的頁碼,修改成以阿拉伯數字顯示。注意:請修改欄位屬性,並不需要新增其他欄位。

評量領域:使用進階 Word 功能

評量目標:管理表單、功能變數與控制項

評量技能:修改功能變數屬性

解題步驟

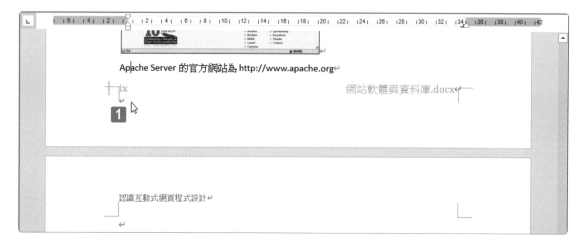

step01 以滑鼠左鍵快速點按兩下任何一頁底部的頁尾區域,即可立即切換畫面至頁首頁尾編輯環境。

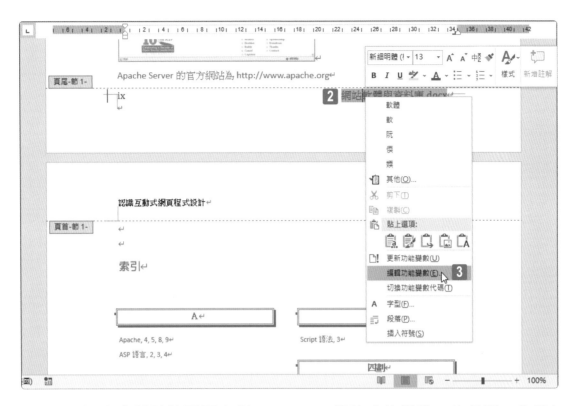

^{step}**02** 以滑鼠右鍵點按頁尾右側 FileName 欄位功能變數，此處顯示的是灰色的檔案名稱。

^{step}**03** 從展開的快顯功能表中點選〔編輯功能變數〕選項。

step04 開啟〔功能變數〕對話方塊。

step05 勾選右上角的〔將路徑加到檔名〕核取方塊。

step06 點按〔確定〕按鈕。

step07 以滑鼠右鍵點按頁尾左側頁碼功能變數，此處顯示的是灰色的羅馬數字格式的頁碼。

step08 從展開的快顯功能表中點選〔編輯功能變數〕選項。

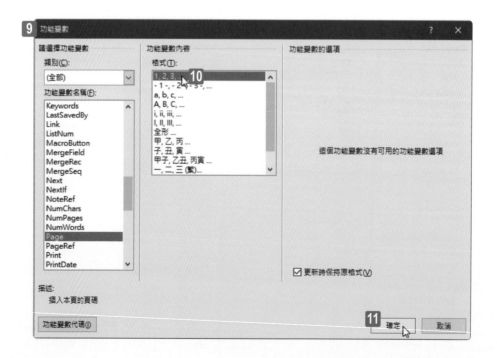

step**09** 開啟〔功能變數〕對話方塊。

step**10** 目前正選取著「Page」功能變數,因此,點選其格式套用阿拉伯數字「1,2,3,…」。

step**11** 點按〔確定〕按鈕。

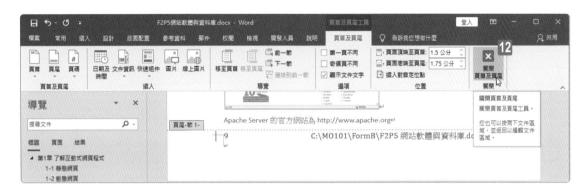

step**12** 點按〔頁首及頁尾工具〕底下〔頁首及頁尾〕索引標籤裡〔關閉〕群組內的〔關閉頁首及頁尾〕命令按鈕,結束並離開頁首頁尾的編輯環境。

| 1 | 2 | 3 | 4 |

請建立合併列印收件者清單,並在清單裡添增一個名字為 mermaid,且姓氏為 Wang 的項目。請將清單以「作者群」為名,儲存在預設資料夾中。請不要更動收件者清單的欄位結構。

評量領域:使用進階 Word 功能

評量目標:執行合併列印

評量技能:管理收件者清單

解題步驟

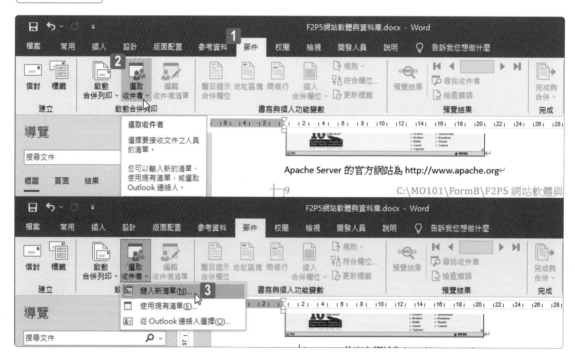

step01 點按〔郵件〕索引標籤。

step02 點按〔啟動合併列印〕群組裡的〔選取收件者〕命令按鈕。

step03 從展開的下拉式功能選單中點選〔鍵入新清單〕選項。

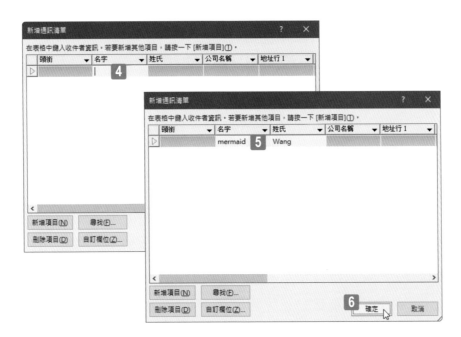

step04 開啟〔新增通訊清單〕對話方塊,看到第一筆空白的通訊清單,可在此輸入〔頭銜〕、〔名字〕、〔姓氏〕等資料欄位內容。

step05 輸入〔名字〕為「mermaid」、〔姓氏〕為「Wang」。

step06 點按〔確定〕按鈕。

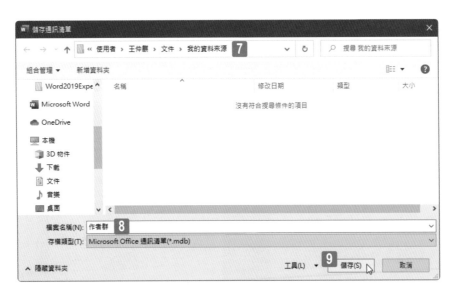

step07 開啟〔儲存通訊清單〕對話方塊,使用預設的存檔路徑。

step08 輸入檔案名稱為「作者群」。

step09 點按〔儲存〕按鈕。

專案 **6**　電子百科全書

您任職圖書部門專案企劃，正在建立一份百科全書的電子手冊，準備提供客戶認識相關的產品與資訊服務。請開啟〔F2P6Encarta.docx〕文件，完成以下各項任務。

使用檔案：F2P6Encarta.docx

1　**2**　**3**　**4**　**5**

請設定應用程式的「預設字型大小」為 11 點、字型樣式為「粗體」、字型為 Arial，中文字型為微軟正黑體，並且「只在此文件」套用這些設定。
注意：請修改預設字型，不要修改樣式。

評量領域：管理文件選項與設定
評量目標：管理文件與範本
評量技能：修改既有的文件範本

〔解題步驟〕

step**01**　點按〔常用〕索引標籤。

step**02**　點按〔字型〕群組名稱旁的〔字型〕對話方塊啟動器。

^{step}**03**

開啟〔字型〕對話方塊，選擇字型
為「Arial」。

^{step}**04**

選擇中文字型為「微軟正黑體」。

step05 點按〔字型〕對話方塊左下角的〔設定成預設值〕按鈕。

step06 開啟變更預設字型的確認對話，點選〔只有這份文件嗎？〕選項。

step07 點按〔確定〕按鈕。

請將所有格式化為〔Project01〕樣式的內容，改為套用〔Project02〕樣式。

評量領域：使用進階編輯化功能

評量目標：尋找、取代與貼上文件內容

評量技能：尋找及取代格式化文字與樣式

〔解題步驟〕

step**01** 點按〔常用〕索引標籤。

step**02** 點按〔編輯〕群組裡的〔取代〕命令按鈕。

step**03** 開啟〔尋找及取代〕對話方塊，並切換至〔取代〕頁籤。

step**04** 點按〔更多〕按鈕。

step05

〔尋找及取代〕對話方塊展開了更多功能選項，點按一下〔尋找目標〕文字方塊。

step06

點按左下角的〔格式〕按鈕。

step07

從展開的格式功能選單中點選〔樣式〕選項。

step08

開啟〔尋找樣式〕對話方塊，選擇〔Project01〕樣式，然後按下〔確定〕按鈕。

step 09

雖在〔尋找目標〕文字方塊裡看不到訊息,但是此文字方塊下方顯示著〔樣式:Project01〕。

step 10

點按一下〔取代為〕文字方塊。

step 11

再次點按左下角的〔格式〕按鈕。

step 12

從展開的格式功能選單中點選〔樣式〕選項。

step 13

開啟〔取代樣式〕對話方塊,選擇〔Projrct02〕樣式,然後按下〔確定〕按鈕。

step**14** 雖在〔取代為〕文字方塊裡看不到訊息,但是此文字方塊下方顯示著
〔樣式:Project02〕。

step**15** 點按〔全部取代〕按鈕。

step**16** 完成樣式的取代,點按〔確定〕按鈕。

step**17** 點按〔關閉〕按鈕,結束〔尋找及取代〕對話方塊的操作。

也有另一種做法也可以達到相同的目的。

step**01** 點按〔常用〕索引標籤。

step**02** 以滑鼠右鍵點按〔樣式〕群組裡的〔Project01〕樣式。

step**03** 從展開的快顯功能表中點選〔選取全部〕選項。

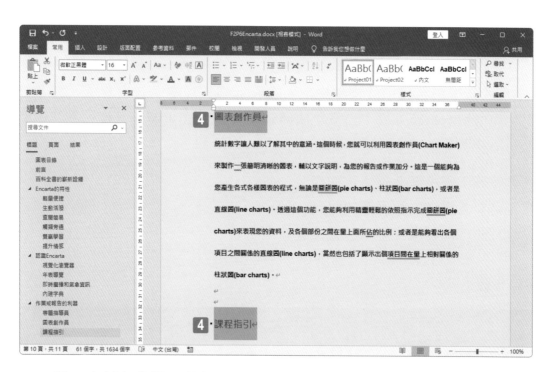

^{step}**04** 即可立刻自動選取整份文件裡已套用〔Project01〕樣式的所有內容。

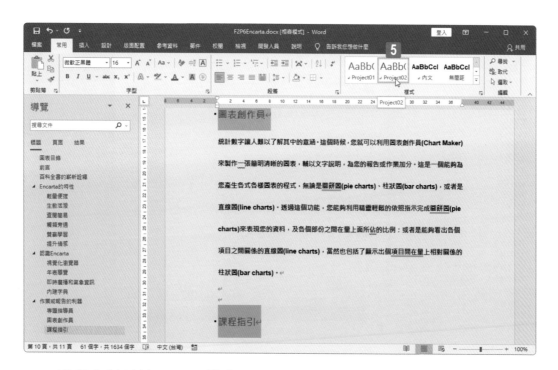

^{step}**05** 滑鼠左鍵點按一下〔樣式〕群組裡的〔Project02〕樣式,剛剛已自動選取套用〔Project01〕樣式的所有內容,即會立刻套用〔Project02〕樣式了。

1 **2** **3** **4** **5**

請將來自文件資料夾內「百科全書樣式」範本裡的「標題」樣式與「標題1」樣式，複製至目前的文件中，僅複製此樣式並覆蓋現有樣式，使其變更文件檔案的標題外觀。注意：請將範本中的樣式複製至文件，不要將範本附加至文件中。

評量領域：使用進階編輯化功能
評量目標：建立與管理樣式
評量技能：複製樣式至其他文件或範本

解題步驟

step**01**　點按〔開發人員〕索引標籤。

step**02**　點按〔範本〕群組裡的〔文件範本〕命令按鈕。

step**03**　開啟〔範本與增益集〕對話方塊，點按左下方的〔組合管理〕按鈕。

^{step}04　開啟〔組合管理〕對話方塊，點按〔樣式〕頁籤。

^{step}05　目前右邊預設開啟的是 Normal.dotm 範本檔案，點按〔關閉檔案〕按鈕。

^{step}06　關閉 Normal.dotm 範本檔案後點按〔開啟檔案〕按鈕。

^{step}07 開啟〔開啟舊檔〕對話方塊，切換至資料檔案的存放處。

^{step}08 點選「百科全書樣式」範本檔案。

^{step}09 點按〔開啟〕按鈕。

^{step}10 回到〔組合管理〕對話方塊，點選右側在〔百科全書樣式 .dotx〕裡的「標題」與「標題 1」樣式 (按住 Ctrl 按鍵或 Shift 按鍵不放，可進行樣式的複選)。

^{step}11 點按〔複製〕按鈕。

step**12** 彈跳出是否覆寫既有的樣式對話時，點按〔全部皆是〕按鈕。

step**13** 回到〔組合管理〕對話方塊，點按〔關閉〕按鈕。

| 1 | 2 | 3 | 4 | 5 |

僅將文件裡首次出現的「視覺化」一詞標記為索引項目。注意：請不要更新索引。

評量領域：建立自訂文件範本

評量目標：建立與管理索引

評量技能：標記索引項目

解題步驟

為了要快速找尋文件裡的特定文字，可以開啟導覽窗格進行文字的尋找與定位。此時可點按〔檢視〕索引標籤，勾選〔顯示〕群組裡的〔功能窗格〕核取方塊，畫面左側便會開啟〔導覽〕窗格。

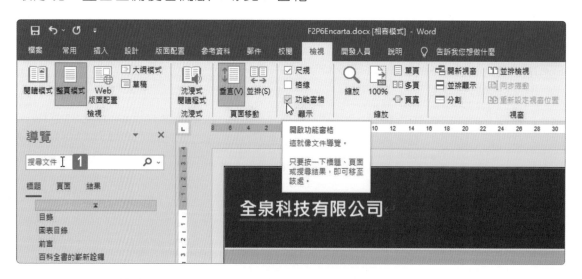

step01　點按〔導覽〕窗格裡的〔搜尋文件〕文字方塊。

^{step}02 輸入文字「視覺化」。

^{step}03 立即顯示尋找結果。例如此例文件裡有 3 個「視覺化」文字。

^{step}04 〔導覽〕窗格和內文畫面立即以黃色醒目格式顯示所有的「視覺化」文字。

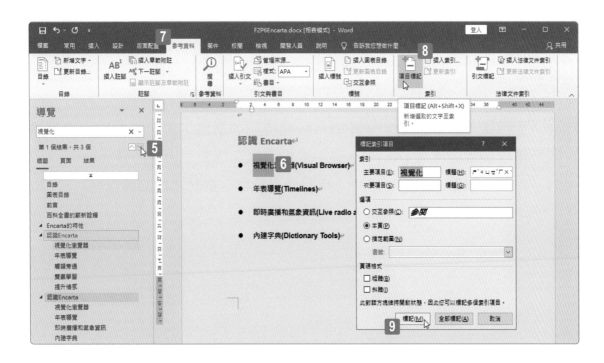

step05 點按搜尋結果右側的向上或向下搜尋按鈕，可自動選取上一個或下一個符合尋找需求的文字。

step06 選取文件裡首次出現的「視覺化」文字 (第 1 個結果，共 3 個)。

step07 點按〔參考資料〕索引標籤。

step08 點按〔索引〕群組裡的〔項目標記〕命令按鈕。

step09 開啟〔標記索引項目〕對話方塊，點按〔標記〕按鈕。

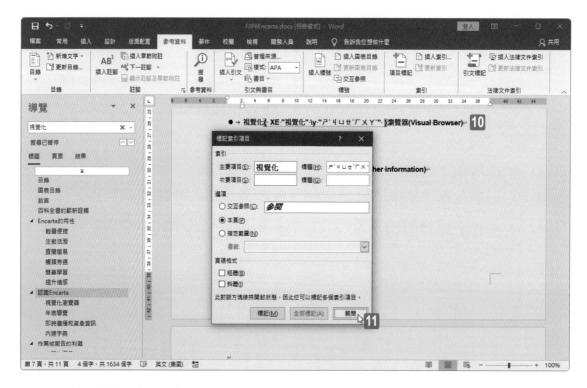

step10 完成索引標記的文字，在顯示編輯標記的環境下也可以在文中看到其索引項目的編碼 {XE…}，表示此處已經完成索引項目的標記。

step11 點按〔關閉〕按鈕，結束〔標記索引項目〕對話方塊的操作。

1 — 2 — 3 — 4 — 5

在「圖表目錄」標題下方的空白段落中,請插入格式為「正式」的樣式之圖表目錄。

評量領域:建立自訂文件範本
評量目標:建立與管理圖表目錄
評量技能:插入與修改圖表目錄

解題步驟

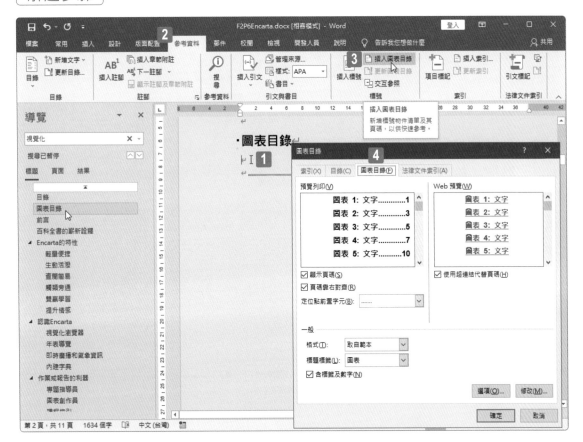

step01 文字游標移至「圖表目錄」標題下方的空白段落處。

step02 點按〔參考資料〕索引標籤。

step03 點按〔標號〕群組裡的〔插入圖表目錄〕命令按鈕。

step04 開啟〔圖表目錄〕對話方塊。

step05 點選圖表目錄的格式為「正式」。

step06 點按〔確定〕按鈕。

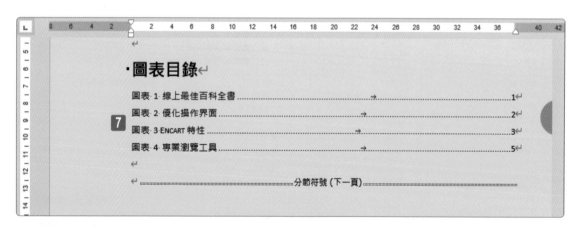

step07 完成「正式」樣式的圖表目錄之建立。

專案 **7** 紐約

您正在為紐約市政府編撰大蘋果介紹文案。請先開啟〔F2P7 紐約紐約 .docx〕文件檔案並完成以下各項任務。

使用檔案：F2P7 紐約紐約 .docx

請在第 4 頁最下方的文字方塊中，為文字套用「小型大寫字」格式以及「粗體 斜體」字型樣式。

評量領域：管理文件選項與設定

評量目標：使用並設定語言選項

評量技能：使用特定語言的功能

解題步驟

step**01**　選取第 4 頁底部文字方塊裡的文字。

step**02**　點按〔常用〕索引標籤。

step**03**　點按〔字型〕群組名稱旁的〔字型〕對話方塊啟動器。

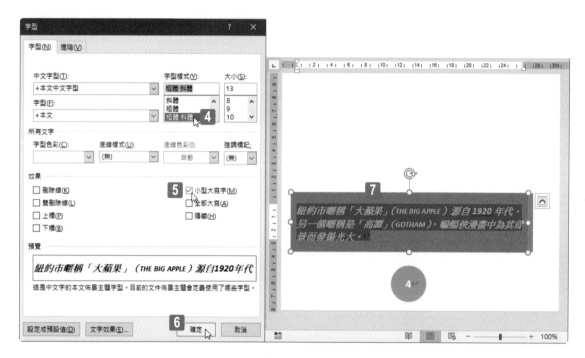

step**04**　開啟〔字型〕對話方塊，點選字型樣式為「粗體 斜體」。

step**05**　勾選〔小型大寫字〕核取方塊。

step**06**　點按〔確定〕按鈕。

step**07**　完成「小型大寫字」格式以及「粗體 斜體」字型樣式的設定。

① — ② — ③ — ④

在「大蘋果」小節中,請選取以「根據紐約歷史學會」開頭的整個段落。
設定「分頁」選項,讓此段落中的每行內容始終都在一頁面中。

評量領域:使用進階編輯化功能
評量目標:設定段落配置選項
評量技能:設定段落分頁選項

解題步驟

step**01** 選取「大蘋果」小節標題底下以「根據紐約歷史學會」開頭的整個段
落文字,由於此段落的內容稍長,造成段落內容跨頁至下一頁。

step**02** 點按〔常用〕索引標籤。

step**03** 點按〔段落〕群組旁的段落對話方塊啟動器。

step04 開啟〔段落〕對話方塊，點選〔分行與分頁設定〕頁籤。

step05 勾選〔段落中不分頁〕核取方塊。

step06 點按〔確定〕按鈕，結束〔段落〕對話方塊的操作。

step07 原本跨頁的同一個段落文字已經強迫排版在同一個頁面裡。

請建立並套用名為「宣傳文」的字型集。請使用 Arial Black 做為標題字型 (英文)、使用 Cambria 做為本文字型 (英文)，並且將標題字型 (中文) 及本文字型 (中文) 皆設定為微軟正黑體。

評量領域：建立自訂文件範本
評量目標：建立自訂設計元素
評量技能：建立自訂字型集

解題步驟

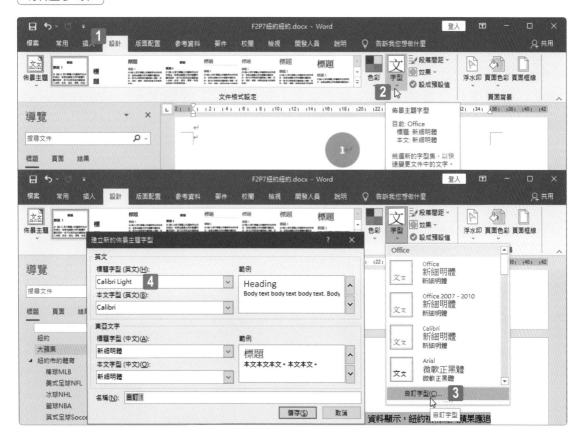

step01 點按〔設計〕索引標籤。

step02 點按〔文件格式設定〕群組裡的〔字型〕命令按鈕。

step03 從展開的字型集選單中點選〔自訂字型〕功能選項。

step04 開啟〔建立新的佈景主題字型〕對話方塊。

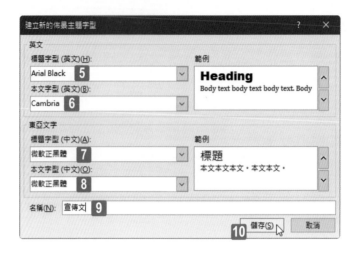

^{step}**05**　選擇英文的標題字型為「Arial Black」。

^{step}**06**　選擇英文的本文字型為「Cambria」。

^{step}**07**　選擇東亞文字的標題字型 (中文) 為「微軟正黑體」。

^{step}**08**　選擇東亞文字的本文字型 (中文) 為「微軟正黑體」。

^{step}**09**　輸入字型集名稱為「宣傳文」。

^{step}**10**　點按〔儲存〕按鈕。

請將文件資料夾內「紐約文案巨集」範本中的巨集複製至目前的文件。

評量領域：使用進階 Word 功能

評量目標：建立與修改巨集

評量技能：複製巨集至另一個文件或範本

解題步驟

^{step}**01**　點按〔開發人員〕索引標籤。

^{step}**02**　點按〔範本〕群組裡的〔文件範本〕命令按鈕。

^{step}**03**　開啟〔範本與增益集〕對話方塊，點按左下方的〔組合管理〕按鈕。

step04 開啟〔組合管理〕對話方塊,點按〔巨集專案項目〕頁籤。

step05 目前右邊預設開啟的是 Normal.dotm 範本檔案,點按〔關閉檔案〕
按鈕。

step06 關閉 Normal.dotm 範本檔案後點按〔開啟檔案〕按鈕。

^{step}**07** 開啟〔開啟舊檔〕對話方塊,切換至資料檔案的存放處。

^{step}**08** 點選「紐約文案巨集」範本檔案。

^{step}**09** 點按〔開啟〕按鈕。

^{step}**10** 回到〔組合管理〕對話方塊,點選右側在〔紐約文件巨集 .dotm〕裡的「NewMacros」巨集。

^{step}**11** 點按〔複製〕按鈕。

step12 　點按〔關閉〕按鈕結束〔組合管理〕對話方塊的操作。

專案 **8**　網站規劃

您正在製作專業網站建置的訓練手冊。請開啟〔F2P8 網站規劃 .docx〕文件檔案，完成以下各項任務。

使用檔案：F2P8 網站規劃 .docx

```
1 ── 2 ── 3 ── 4
```

請修改「限制編輯」的設定，防止變更封面頁以外的其他內容。意即在封面頁面中，允許「每個人」都可以對封面頁進行變更，但是不能對封面頁以外的文件內容進行任何變更。請不要選擇「開始強制保護」。如果選擇開始強制保護，可能會導致您無法完成此專案中的其他工作。

評量領域：管理文件選項與設定

評量目標：準備文件進行協同作業

評量技能：限制編輯

解題步驟

step**01**　僅選取整個封面頁的內容。

^{step}**02** 點按〔校閱〕索引標籤。

^{step}**03** 點按〔限制編輯〕命令按鈕。

^{step}**04**

畫面右側開啟〔限制編輯〕工作窗格，勾選〔2.編輯限制〕底下的〔文件中僅允許此類型的編輯方式〕核取方塊。

^{step}**05**

下拉式功能選單選擇〔不允許修改 (唯讀)〕選項。

^{step}**06**

確認勾選〔每個人〕核取方塊。

請建立名為「私名號」的字元樣式，此樣式必須套用「橙色，輔色2」字型色彩，以及粗體 斜體字型樣式。底線樣式為單底線。請選擇「只在此文件」選項儲存此樣式。

評量領域：使用進階編輯化功能
評量目標：建立與管理樣式
評量技能：建立段落與字元樣式

解題步驟

step01 點按〔常用〕索引標籤。

step02 點按〔樣式〕群組旁的樣式設定按鈕。

step03 開啟〔樣式〕窗格，點按下方的〔新增樣式〕按鈕。

step04 開啟〔從格式建立新樣式〕對話方塊，選取既有的預設樣式名稱。

step05　輸入樣式名稱為「私名號」。

step06　選擇樣式類型為「字元」。

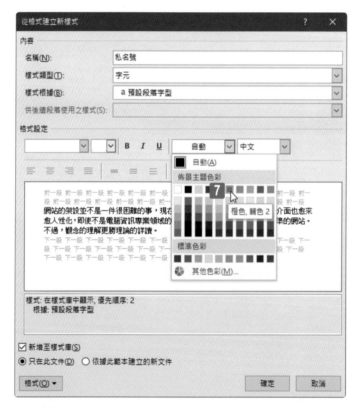

step07　點按字型色彩按鈕並從開啟的字型色彩色盤中點選「橙色，輔色2」。

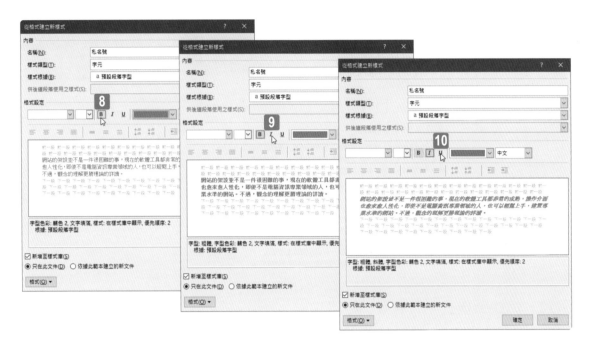

step08 點按〔B〕粗體字型樣式按鈕。

step09 點按〔I〕斜體字型樣式按鈕。

step10 點按〔U〕底線字型樣式按鈕。

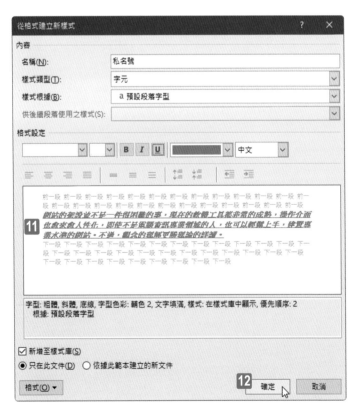

step11

可在對話方塊裡的預覽窗格裡看到所建立的字元樣式長相。

step12

點按〔確定〕按鈕。

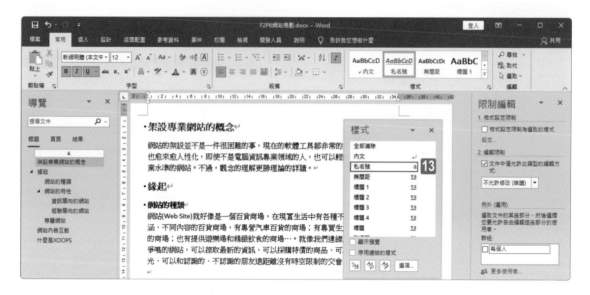

step**13** 完成新樣式〔私名號〕的建立。

1　　2　　3　　4

請根據目前的佈景主題色彩建立和套用自訂佈景主題色彩。請將「已瀏覽過的超連結」色彩變更為「藍色」(在標準色彩調色盤中)。請將佈景主題色彩命名為 WebSitePro。

評量領域：建立自訂文件範本
評量目標：建立自訂設計元素
評量技能：建立自訂色彩集

解題步驟

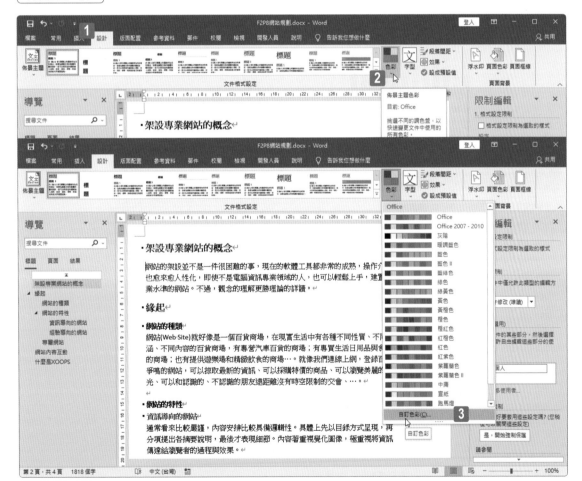

step**01**　點按〔設計〕索引標籤。

step**02**　點按〔文件格式設定〕群組裡的〔色彩〕命令按鈕。

step**03**　從展開的字型集選單中點選〔自訂色彩〕功能選項。

step04
開啟〔建立新的佈景主題色彩〕對話方塊，點按〔已瀏覽過的超連結〕色彩選項按鈕。

step05
從展開的色盤中點選標準色彩裡的〔藍色〕。

step06
選取預設的色彩集名稱並刪除之。

step07
輸入自訂的色彩集名稱為「WebSitePro」。

step08
點按〔儲存〕按鈕。

請在文件封面頁上的「製作歸檔日期」段落結尾處,插入「SaveDate」欄位,並使用「EEE 年 O 月 A 日星期 W」為此欄位的日期格式。

評量領域:使用進階 Word 功能
評量目標:管理表單、功能變數與控制項
評量技能:修改功能變數屬性

解題步驟

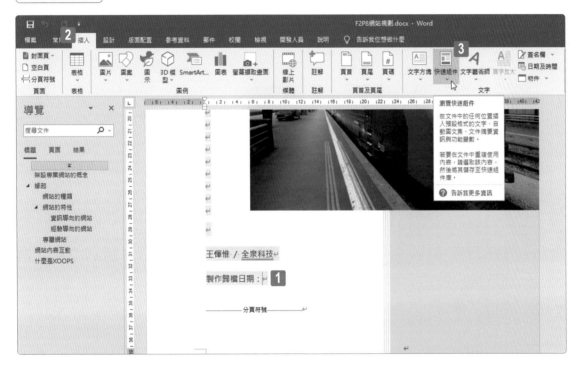

step01 文字游標移至文件封面頁上的「製作歸檔日期:」文字右側。

step02 點按〔插入〕索引標籤。

step03 點按〔文字〕群組裡的〔快速組件〕命令按鈕。

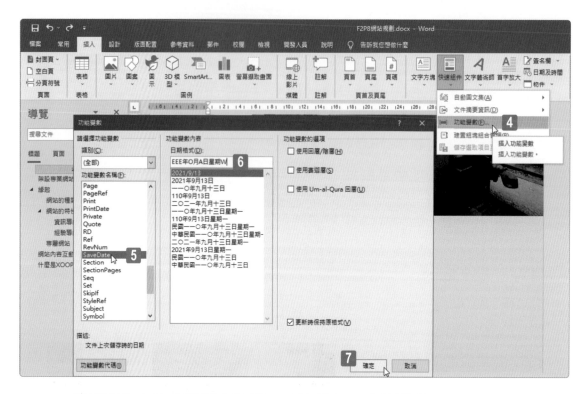

step**04**　從展開的下拉式選單中點選〔功能變數〕功能選項。

step**05**　開啟〔功能變數〕對話方塊，從功能變數名稱清單裡點選〔SaveDate〕
　　　　　(存檔日期) 功能變數。

step**06**　在〔日期格式〕文字方塊裡輸入「EEE 年 O 月 A 日星期 W」設定為
　　　　　此存檔日期功能變數的日期格式。

step**07**　點按〔確定〕按鈕。

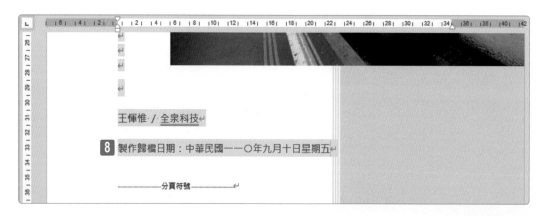

step**08**　回到頁面即可看到所插入的〔SaveDate〕(存檔日期) 功能變數及其
　　　　　日期顯示格式。

專案9 視覺化專刊

您正在完成 GOTOP 雜誌社關於視覺化議題的專刊。請開啟〔F2P9 視覺化專刊 .docx〕文件檔案，進行以下各項任務。

使用檔案：F2P9 視覺化專刊 .docm、訂閱者 .xlsx

| 1 | 2 | 3 | 4 |

請設定「斷字」功能選項，關閉此電子報文件內容的自動斷字功能。

評量領域：使用進階編輯化功能

評量目標：設定段落配置選項

評量技能：設定斷字與行號

解題步驟

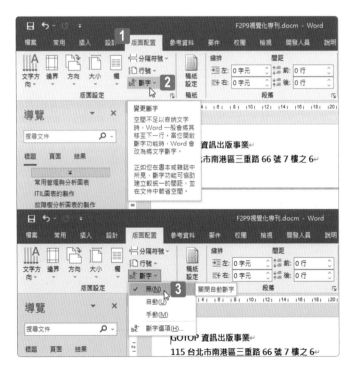

step01 點按〔版面配置〕索引標籤。

step02 點按〔版面設定〕群組裡的〔斷字〕命令按鈕。

step03 從展開的下拉式功能選單中點選〔無〕選項。

1 ── 2 ── 3 ── 4

請修改「標題 1」樣式，設定 14 點的字型大小，橙色輔色 2 的字型色彩，以及微軟正黑體字型，並設定段落格式套用寬度為 1 點的藍色，輔色 5 色彩的下框線。請選擇「只在此文件」選項儲存此樣式的變更。

評量領域：使用進階編輯化功能

評量目標：建立與管理樣式

評量技能：修改既有的樣式

解題步驟

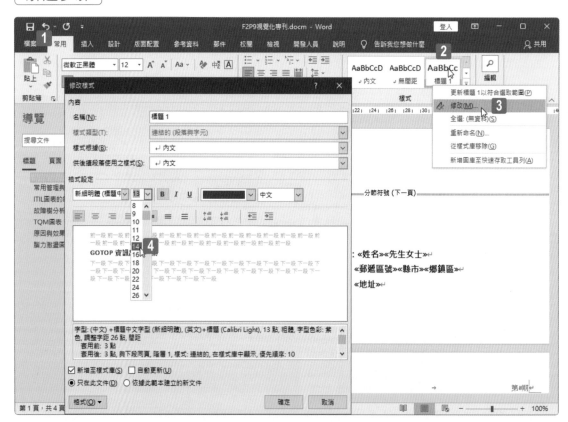

step01 點按〔常用〕索引標籤。

step02 以滑鼠右鍵點按一下〔樣式〕群組裡的〔標題 1〕樣式。

step03 從展開的快顯功能表中點按〔修改〕功能選項。

step04 開啟〔修改樣式〕對話方塊，點選字型大小的下拉式選單，選擇「14」。

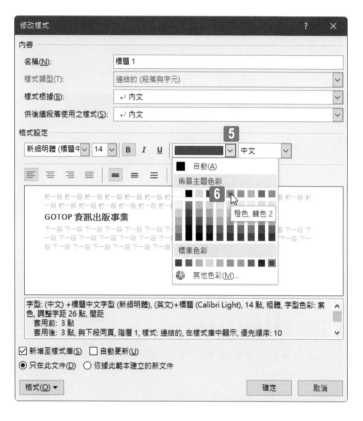

step**05**

點按字型色彩按鈕。

step**06**

從展開的色盤中點選〔橙色，輔色 2〕選項。

step**07**

點按字型下拉式選項按鈕。

step**08**

從展開的字型清單中選擇〔微軟正黑體〕。

step**09**

點按一下〔修改樣式〕對話方塊左下角的〔格式〕按鈕。

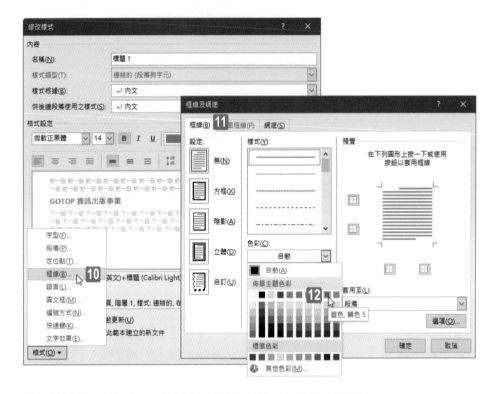

step**10**　從展開的〔格式〕功能選單中點選〔框線〕選項。

step**11**　開啟〔框線及網底〕對話方塊，點選〔框線〕頁籤。

step**12**　點按框線色彩的色盤，從中點選〔藍色，輔色 5〕選項。

step**13**

點選框線的寬度為「1pt」。

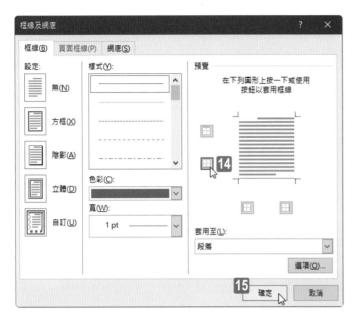

^{step}**14**

點按框線的位置為底部。

^{step}**15**

點按〔確定〕按鈕，結束〔框線及網底〕對話方塊的操作。

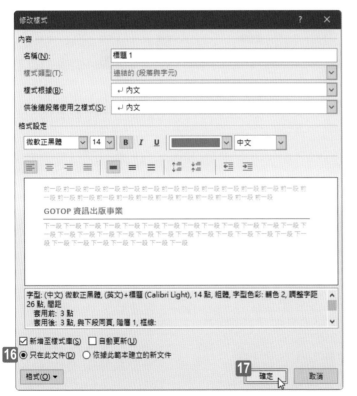

^{step}**16**

回到〔修改樣式〕對話方塊，點選「只在此文件」選項。

^{step}**17**

點按〔確定〕按鈕。

請修改「VisualFont」巨集,使其套用 Times New Roman 字型,而非 Franklin Gothic Heavy 字型。

評量領域:使用進階 Word 功能

評量目標:建立與修改巨集

評量技能:編輯簡單巨集

解題步驟

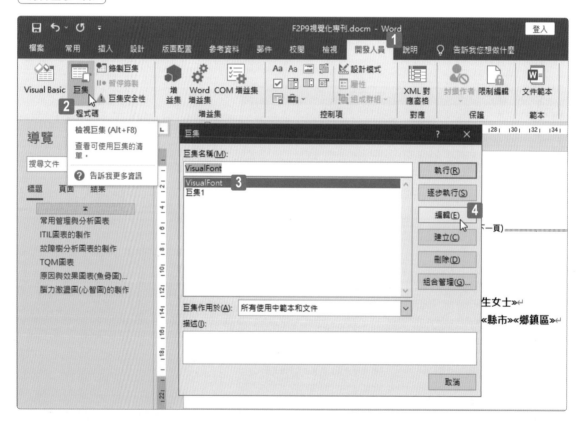

step01 點按〔開發人員〕索引標籤。

step02 點按〔程式碼〕群組裡的〔巨集〕命令按鈕。

step03 開啟〔巨集〕對話方塊,點選〔VisualFont〕巨集。

step04 點按〔編輯〕按鈕。

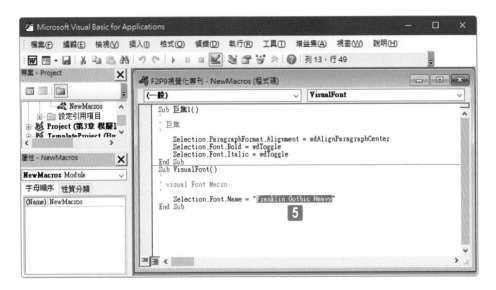

05 開啟〔Microsoft Visual Basic for Application〕視窗，選取程式碼 Selection.Font.Name="Franklin Gothic Heavy" 裡的「Franklin Gothic Heavy」。

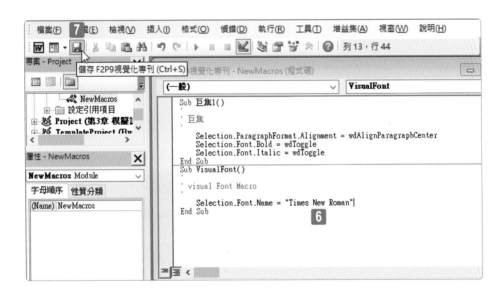

step06 改輸入為「Times New Roman」。

step07 點按〔儲存〕工具按鈕。

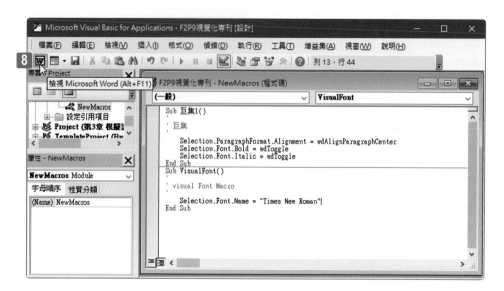

step08 點按〔檢視 Microsoft Word〕工具按鈕可回到 Word 文件編輯視窗，
繼續下一個任務的操作。

1 ━━ 2 ━━ 3 ━━ 4

在文件最上方的信封中，請使用「預覽」檢視記錄 3 的合併結果。

評量領域：使用進階 Word 功能

評量目標：執行合併列印

評量技能：預覽合併列印結果

解題步驟

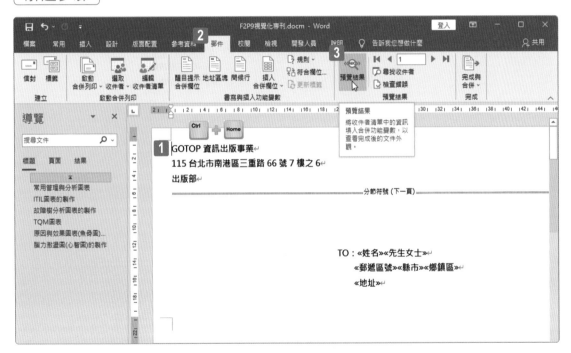

step01 按下 Ctrl+Home 按鍵讓文字游標移至整份文件最前面的信封頁。

step02 點按〔郵件〕索引標籤。

step03 點按〔預覽結果〕群組裡的〔預覽結果〕命令按鈕。

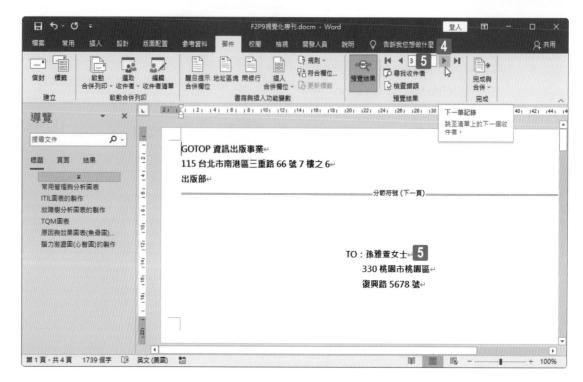

^{step}04　點按〔下一筆記錄〕命令按鈕，可以預覽合併列印其他資料記錄。

^{step}05　顯示第 3 筆資料記錄的預覽結果。

05

模擬試題 III

此小節設計了一組包含 **Word** 各項必備進階技能的評量實作題目,可以協助讀者順利挑戰各種與 **Word** 相關的進階認證考試,共計有 **9** 個專案,每個專案包含 **1 ~ 5** 項的任務。

專案 1 訓練安排

您是艾瑞斯資訊研習中心的企劃人員，正在撰寫資訊課程訓練的研習文案。請開啟〔F3P1 訓練安排 .dotx〕檔案，此專案只有一項任務。

使用檔案：F3P1 訓練安排 .dotx

1

此專案只有一項任務。請修改名為「課程配當」建置組塊，讓該建置組塊可以在自身段落中插入內容。

評量領域：建立自訂文件範本

評量目標：建立與修改建置組塊

評量技能：管理建置組塊

解題步驟

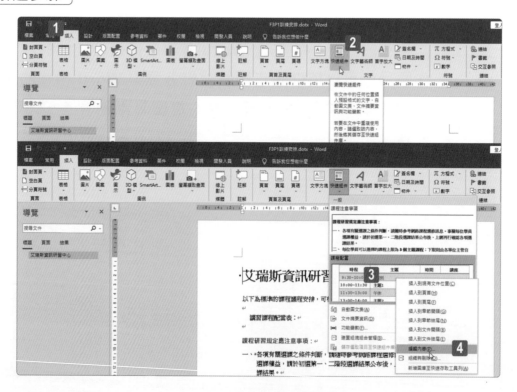

step**01**　點按〔插入〕索引標籤。

step**02**　點按〔文字〕群組裡的〔快速組件〕命令按鈕。

step**03**　從展開的快速組件選單中,以滑鼠右鍵點按「課程配當」建置組塊。

step**04**　從展開的快顯功能表中點選〔編輯內容〕選項。

step**05**　開啟〔修改建置組塊〕對話方塊,此例的〔選項〕是〔只插入內容〕,
　　　　點按旁邊的下拉選項按鈕。

step**06**　選擇〔插入內容到它自己的段落〕選項。

step**07**　點按〔確定〕按鈕,結束〔修改建置組塊〕對話方塊的操作。

step**08**　在重新定義建置組塊項目的詢問對話中點按〔是〕按鈕。

專案 **2**　營業資料回報

您是專業小編，想透過表格類型的圖庫工具，建立常用的表格內容，完成快速且具一致性的常用表格。請開啟〔F3P2 營業資料回報 .dotx〕檔案，此專案只有一項任務。

使用檔案：F3P2 營業資料回報 .dotx

1

請選取「各營業處回報」段落文字與其下方 5 欄 5 列的表格。然後，將所選取的文字及內容儲存並命名為「業績回報單」的快速表格。並將此快速表格組件儲存在 F3P2 營業資料回報範本中，並使用名為「業績表單」的自訂類別名稱。

評量領域：建立自訂文件範本
評量目標：建立與修改建置組塊
評量技能：建立快速組件

解題步驟

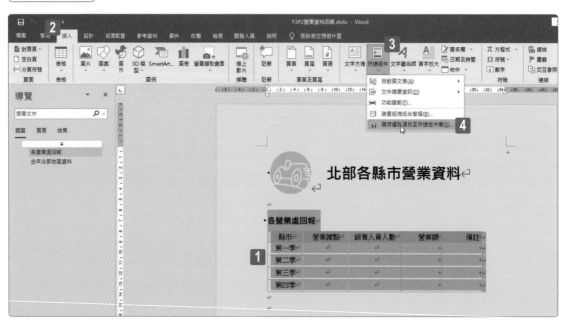

step**01**　選取標題文字「各營業處回報」以及其下方 5 欄 5 列的表格內容。

step**02**　點按〔插入〕索引標籤。

step**03**　點按〔文字〕群組裡的〔快速組件〕命令按鈕。

step**04**　從展開的快速組件選單中，點選〔儲存選取項目至快速組件庫〕功能
選項。

step**05**　開啟〔建立新建置組塊〕對話方塊，在〔名稱〕方塊裡輸入「各營業
處回報」。

step**06**　點按〔圖庫〕旁的下拉選項按鈕。

step**07**　從展開的功能選單中點選〔表格〕選項。

step**08**　點按〔類別〕旁的下拉選項按鈕。

step**09**　從展開的功能選單中點選〔建立新類別〕選項。

step**10**　開啟〔建立新類別〕對話方塊，在〔名稱〕文字方塊裡輸入「業績表
單」後按下〔確定〕按鈕。

step11

回到〔建立新建置組塊〕對話方塊,選擇此建置組塊的內容是儲存在〔F3P2營業資料回報.dotx〕檔案裡。

step12

點按〔確定〕按鈕。

由於這是一個隸屬於表格圖庫 (Table Gallery) 裡的建置組塊,爾後建立文件時若要引用、套用這些素材,就可以執行〔插入〕索引標籤,點按〔表格〕群組裡的〔表格〕命令按鈕,從展開的功能選單中點選〔快速表格〕功能選項,從副選單中就可以看到所有表格類型的建置組塊盡在眼前。這個小題中我們所建立並分類為「業績表單」自訂類別的「業績回報單」快速表格也在裡面喔!

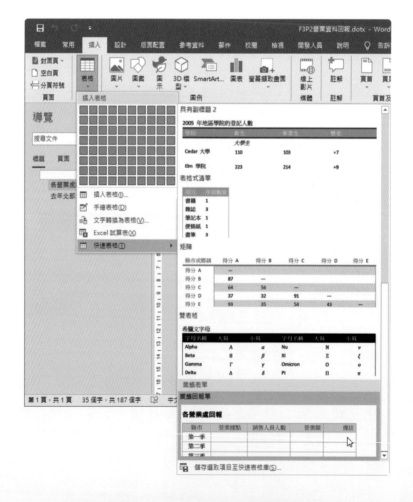

專案 3 運動新聞

您是公關與新聞單位的專員,為了彙整並檢閱眾人的看法與意見,經常會比較與合併文件以決定接受或拒絕文件的異動之處。請先開啟〔F3P3 運動新聞 (a).docx〕檔案,此專案只有一項任務。

使用檔案:F3P3 運動新聞 (a).docx、F3P3 運動新聞 (b).docx

1

請將目前開啟的文件與文件資料夾中的〔F3P3 運動新聞 (b).docx〕文件合併。請在原始文件中顯示變更。請不要接受或拒絕追蹤修訂。注意:請使用〔F3P3 運動新聞 (a).docx〕做為原始文件,並使用〔F3P3 運動新聞 (b).docx〕做為修訂的文件。

評量領域:管理文件選項與設定
評量目標:管理文件與範本
評量技能:比較與合併多份文件

解題步驟

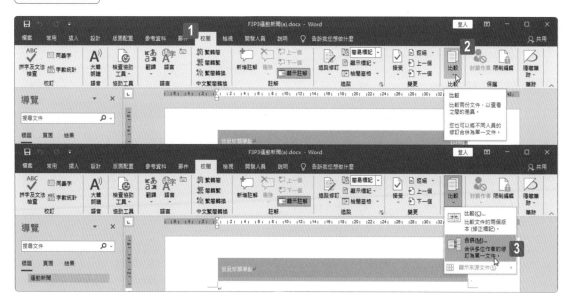

step**01** 點按〔校閱〕索引標籤。

step**02** 點按〔比較〕群組裡的〔比較〕命令按鈕。

step**03** 從展開的功能選單中點選〔合併〕功能選項。

step**04** 開啟〔合併文件〕對話方塊，點按〔原始文件〕底下的檔案導覽按鈕
(黃色資料夾按鈕)。

step**05** 開啟〔開啟舊檔〕對話方塊，切換至資料檔案的存放處。

step**06** 點選〔F3P3 運動新聞 (a).docx〕檔案。

step**07** 點按〔開啟〕按鈕。

step**08** 點按〔合併文件〕對話方塊右側〔修訂的文件〕底下的檔案導覽按鈕 (黃色資料夾按鈕)。

step**09** 開啟〔開啟舊檔〕對話方塊，切換至資料檔案的存放處。

step**10** 點選〔F3P3 運動新聞 (b).docx〕檔案。

step**11** 點按〔開啟〕按鈕。

step**12** 點按〔合併文件〕對話方塊左下方的〔更多〕按鈕，可以展開更多的對話方塊選項 (若已經展開，則此按鈕會稱之為〔更少〕，讓您可以關閉此對話方塊的展開)。

step**13** 點選〔將變更顯示於〕：〔原始文件〕選項。

step**14** 點按〔確定〕按鈕。

step**15** 最後，在保持格式設定的變更要從哪一份文件的對話中，請選擇此例的原始文件〔您的文件 (F3P3 運動新聞 (a).docx)〕選項。

step**16** 點按〔繼續合併〕按鈕。

專案 **4**

文章

您是圖書部門的企劃編輯，對於文稿的修訂有一定的執著與堅持，為了要與同儕共同協作編輯，追蹤修訂是必要且必須非常強調安全的。請先開啟〔F3P4 堅持作對的事 .docx〕檔案，此專案只有一項任務。

使用檔案：F3P4 堅持作對的事 .docx

1

請設定此文件可以強制追蹤修訂。並請要求輸入密碼「123456」來停止追蹤修訂。

評量領域：管理文件選項與設定
評量目標：準備文件進行協同作業
評量技能：使用密碼保護文件

解題步驟

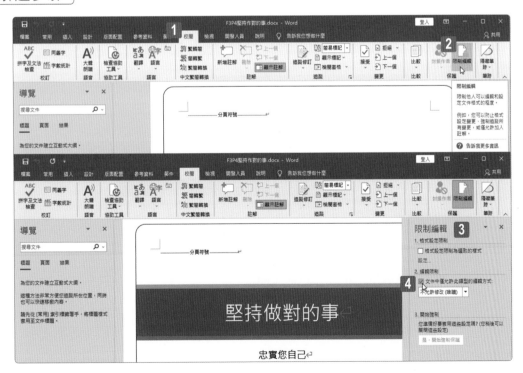

step01　點按〔校閱〕索引標籤。

step02　點按〔保護〕群組裡的〔限制編輯〕命令按鈕。

step03　畫面右側開啟〔限制編輯〕工作窗格。

step04　勾選〔2 編輯限制〕底下的〔文件中僅允許此類型的編輯方式〕核取
　　　　方塊。

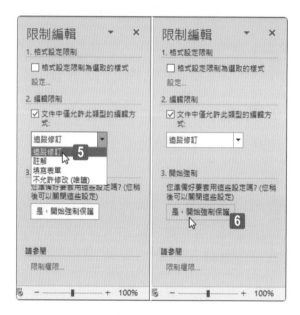

step05　從展開的選單中點選〔追蹤修訂〕選項。

step06　點按〔開始強制〕底下的〔是，開始強制保護〕按鈕。

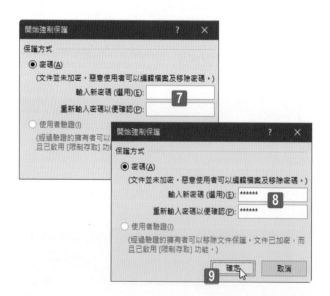

step**07**　　開啟〔開始強制保護〕對話方塊，可在此輸入密碼。

step**08**　　密碼必須輸入 2 次以便確認。例如　　輸入「123456」。

step**09**　　完成後點按〔確定〕按鈕。

結束限制編輯的設定操作，這一小題也就大功告成了！

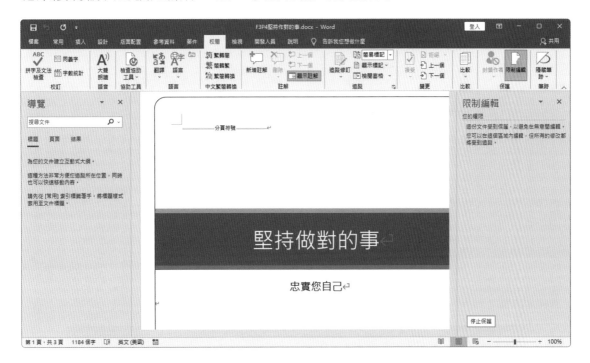

專案 **5** 摺頁冊

您是專業文案排版編輯，正在完成一份摺頁冊的製作。請開啟〔F3P5 摺頁冊 .docx〕文件，進行以下各項任務。

使用檔案：F3P5 摺頁冊 .docx

1	2	3	4	5

請套用 Office 佈景主題，然後，建立名為「特惠方案」，且套用微軟正黑體字型、粗體字型樣式、字的大小為 12pt 以及藍色字型色彩 (在標準色彩調色盤中) 的字元樣式。請使用「只在此文件」儲存此樣式。

評量領域：使用進階編輯化功能

評量目標：建立與管理樣式

評量技能：建立段落與字元樣式

解題步驟

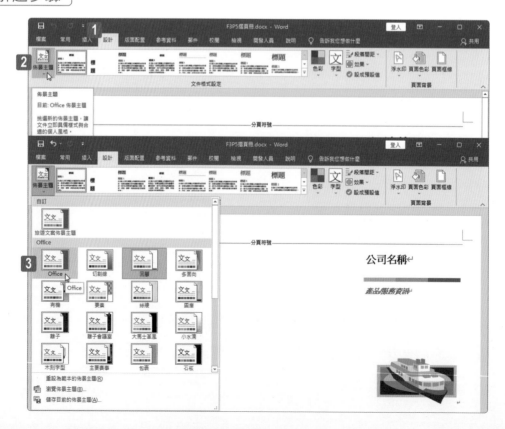

step**01**　點按〔設計〕索引標籤。

step**02**　點按〔文件格式設定〕群組裡的〔佈景主題〕命令按鈕。

step**03**　從展開的佈景主題選單中點選〔Office〕佈景主題。

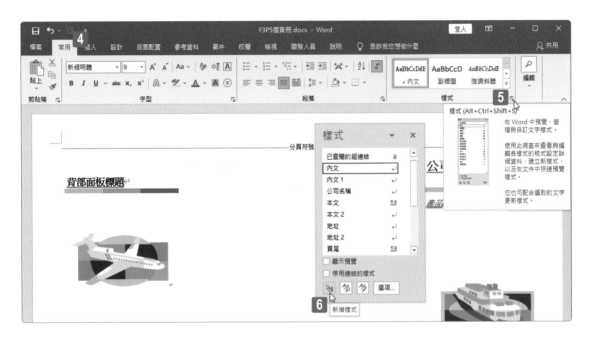

step**04**　點按〔常用〕索引標籤。

step**05**　點按〔樣式〕群組旁的樣式設定按鈕。

step**06**　開啟〔樣式〕窗格，點按下方的〔新增樣式〕按鈕。

^{step}07 開啟〔從格式建立新樣式〕對話方塊,選取既有的預設樣式名稱。

^{step}08 輸入樣式名稱為「特惠方案」。

^{step}09 選擇樣式類型為「字元」。

step 10

點選字型為「微軟正黑體」。

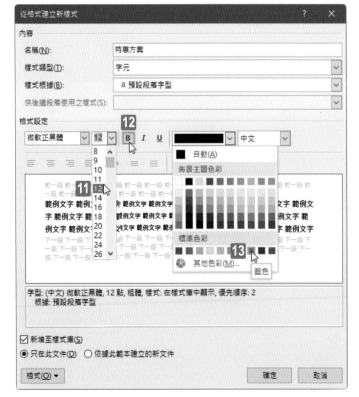

step 11

點選字型大小的下拉式選單,選擇「12」。

step 12

點按〔B〕按鈕,設定為粗體字。

step 13

點按字型色彩按鈕並從開啟的字型色彩色盤中點選標準色彩裡的「藍色」。

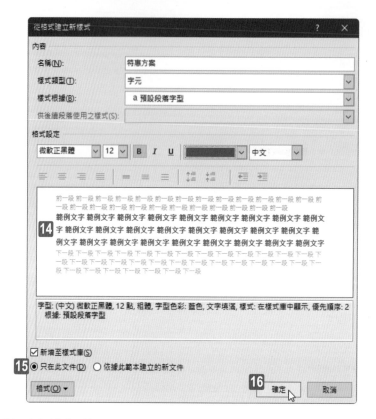

step**14**　可在對話方塊裡的預覽窗格裡看到所建立的字元樣式長相。

step**15**　點選〔只在此文件〕選項來儲存此新建立的樣式。

step**16**　點按〔確定〕按鈕。

1 ─── **2** ─── **3** ─── **4** ─── **5**

請儲存此文件的設計元素為自訂佈景主題,並命名為「文青專案佈景主題」。請將此佈景主題檔案儲存在預設位置。

評量領域:建立自訂文件範本
評量目標:建立自訂設計元素
評量技能:建立自訂佈景主題

解題步驟

step**01**　點按〔設計〕索引標籤。

step**02**　點按〔文件格式設定〕群組裡的〔佈景主題〕命令按鈕。

step**03**　從展開的佈景主題選單中點選〔儲存目前的佈景主題〕功能選項。

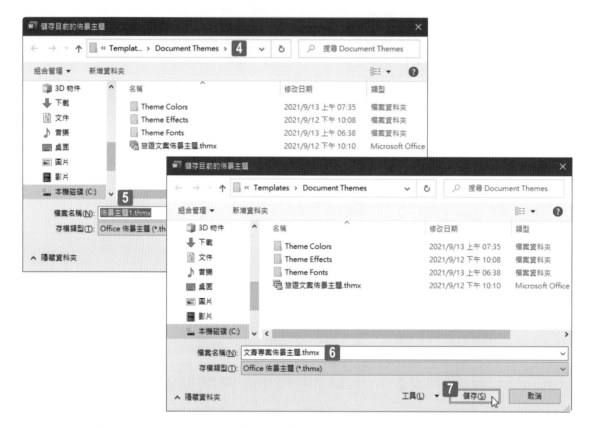

step**04**　開啟〔儲存目前的佈景主題〕對話方塊，使用預設位置，不需要改變存檔路徑。

step**05**　選取預設的佈景主題檔案名稱並刪除。

step**06**　輸入新的佈景主題檔案名稱「文青專案佈景主題」。

step**07**　點按〔儲存〕按鈕。

請移至第 1 頁左下方的文字方塊，在「日期：」文字右側插入「日期選擇器控制項」。

評量領域：使用進階 Word 功能
評量目標：管理表單、功能變數與控制項
評量技能：插入標準內容控制項

解題步驟

step01 將文字游標移至第 1 頁左下方的文字方塊，停在「日期：」文字右側。

step02 點按〔開發人員〕索引標籤。

step03 點按〔控制項〕群組裡的〔日期選擇器內容控制項〕命令按鈕。

^{step}**04** 順利插入〔日期選擇器內容控制項〕，這是一個可以透過滑鼠點按來
選擇日期的控制器。

^{step}**05** 點按〔日期選擇器內容控制項〕右側的選項按鈕，即可展開月曆來選
擇日期。

設定此文件可以啟用所有的巨集。

評量領域：管理文件選項與設定

評量目標：管理文件與範本

評量技能：啟用文件裡的巨集

解題步驟

step01 點按〔開發人員〕索引標籤。

step02 點按〔程式碼〕群組裡的〔巨集安全性〕命令按鈕。

step03 開啟〔信任中心〕對話視窗，自動切換至〔巨集設定〕選項頁面。

step04 點選〔巨集設定〕裡的〔啟用所有巨集 (不建議使用，會執行有潛在
危險的程式碼)〕選項。

step05 點按〔確定〕按鈕。

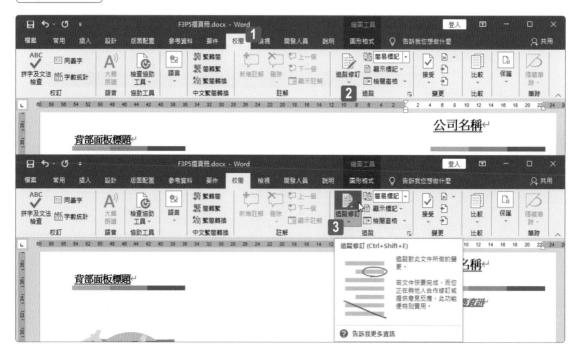

請設定此文件可以強制追蹤修訂。並請要求輸入密碼「123456」來停止追蹤修訂。

評量領域：管理文件選項與設定

評量目標：準備文件進行協同作業

評量技能：使用密碼保護文件

解題步驟

step01 點按〔校閱〕索引標籤。

step02 目前〔追蹤〕群組裡的〔追蹤修訂〕命令按鈕並未按下，因此，這份文件尚未啟用追蹤修訂功能。

step03 點按〔追蹤〕群組裡的〔追蹤修訂〕命令按鈕立即啟用這份文件的追蹤修訂功能。

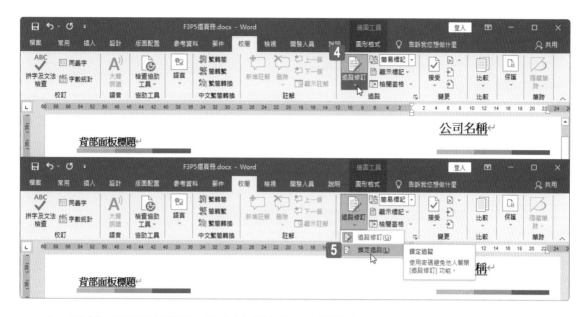

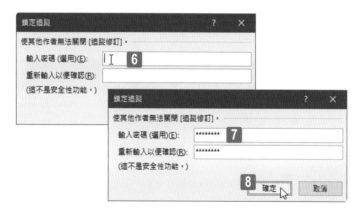

step04　點按〔追蹤修訂〕命令按鈕的下半部按鈕。

step05　展開追蹤修訂的功能選單，點選〔鎖定追蹤〕功能選項。

step06　開啟〔鎖定追蹤〕對話方塊，在此可為追蹤修訂的功能設置密碼。

step07　輸入的密碼必須確認，因此〔輸入密碼〕文字方塊與〔重新輸入以便確認〕文字方塊裡的密碼輸入必須一致。

step08　點按〔確定〕按鈕。

注意：〔鎖定追蹤〕的密碼設定，是要讓文件的編輯必須要輸入正確的密碼才能決定是否要繼續或取消該文件追蹤修訂功能。

專案 **6** 開發專案

您任職於全泉科技，正在為企業入口網站軟體專案撰寫評量報告。請開啟〔F3P6 開發專案 .docx〕檔案，進行以下各項任務。

使用檔案：F3P6 開發專案 .docx

1 ── 2 ── 3 ── 4

請使用 Word 功能，將文件中所有套用「小標題」樣式的文字，改成套用「標題 3」樣式。

評量領域：使用進階編輯化功能

評量目標：尋找、取代與貼上文件內容

評量技能：尋找及取代格式化文字與樣式

解題步驟

step**01** 點按〔常用〕索引標籤。

step**02** 點按〔編輯〕群組裡的〔取代〕命令按鈕。

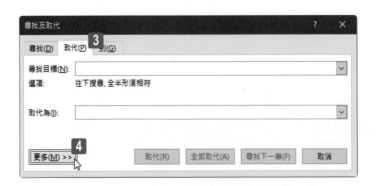

step**03**　開啟〔尋找及取代〕對話方塊，並切換至〔取代〕頁籤。

step**04**　點按〔更多〕按鈕。

step**05**

〔尋找及取代〕對話方塊展開了更多功能選項，點按一下〔尋找目標〕文字方塊。

step**06**

點按左下角的〔格式〕按鈕。

step**07**

從展開的格式功能選單中點選〔樣式〕選項。

step**08**

開啟〔尋找樣式〕對話方塊，選擇〔小標題〕樣式，然後按下〔確定〕按鈕。

step09

雖在〔尋找目標〕文字方塊裡看不到訊息,但是此文字方塊下方顯示著〔樣式小標題〕。

step10

點按一下〔取代為〕文字方塊。

step11

再次點按左下角的〔格式〕按鈕。

step12

從展開的格式功能選單中點選〔樣式〕選項。

step13

開啟〔尋找樣式〕對話方塊,選擇〔標題3〕樣式,然後按下〔確定〕按鈕。

step14 雖在〔取代為〕文字方塊裡看不到訊息,但是此文字方塊下方顯示著
〔樣式:標題 3〕。

step15 點按〔全部取代〕按鈕。

step16 完成樣式的取代,點按〔確定〕按鈕。

step17 點按〔關閉〕按鈕,結束〔尋找及取代〕對話方塊的操作。

| 1 | 2 | 3 | 4 |

尋找全文裡第一次出現的文字「SWOT」，將此文字標記為索引項目；再尋找全文裡的文字「知識管理」，全部標記為索引項目。更新作後一頁的索引。

評量領域：建立自訂文件範本

評量目標：建立與管理索引

評量技能：標記索引項目

[解題步驟]

為了要快速找尋文件裡的特定文字，可以開啟導覽窗格進行文字的尋找與定位。此時可點按〔檢視〕索引標籤，勾選〔顯示〕群組裡的〔功能窗格〕核取方塊，畫面左側便會開啟〔導覽〕窗格。

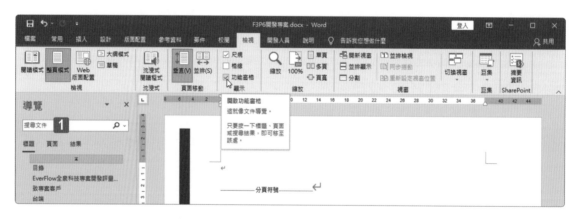

step01　點按〔導覽〕窗格裡的〔搜尋文件〕文字方塊。

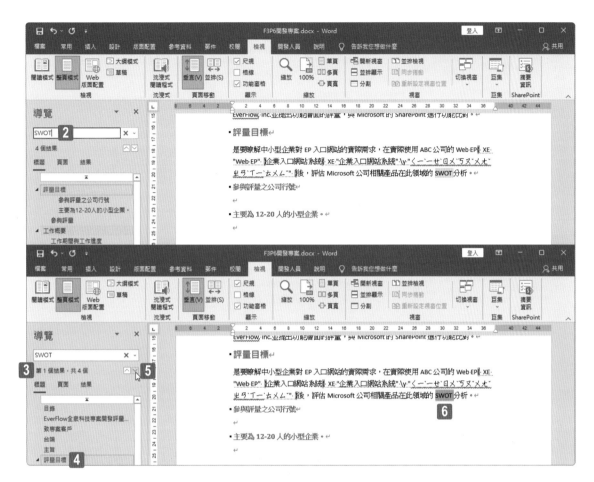

step02 輸入文字「SWOT」。

step03 立即顯示尋找結果。例如此例文件裡有 4 個「SWOT」文字。

step04 〔導覽〕窗格和內文畫面立即以黃色醒目格式顯示所有的「SWOT」
文字。

step05 點按搜尋結果右側的向上或向下搜尋按鈕,可自動選取上一個或下一
個符合尋找需求的文字。

step06 選取文件裡首次出現的「SWOT」文字 (第 1 個結果,共 4 個)。

step07 點按〔參考資料〕索引標籤。

step08 點按〔索引〕群組裡的〔項目標記〕命令按鈕。

step09 開啟〔標記索引項目〕對話方塊，點按〔標記〕按鈕。

step**10** 完成索引標記的文字，在顯示編輯標記的環境下也可以在文中看到其
索引項目的編碼 {XE…}，表示此處已經完成索引項目的標記。

step**11** 點按〔關閉〕按鈕，結束〔標記索引項目〕對話方塊的操作。

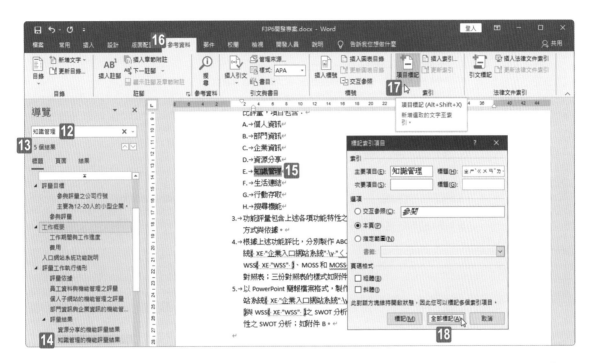

step**12** 繼續在〔導覽〕窗格裡的〔搜尋文件〕文字方塊內輸入另一個詞彙「知
識管理」。

step**13** 立即顯示尋找結果。例如 此例文件裡有 5 個「知識管理」文字。

step**14** 〔導覽〕窗格和內文畫面立即以黃色醒目格式顯示所有的「知識管理」
文字。

step**15** 選取文件裡的任何一個文字「知識管理」。

step**16** 點按〔參考資料〕索引標籤。

step**17** 點按〔索引〕群組裡的〔項目標記〕命令按鈕。

step**18** 開啟〔標記索引項目〕對話方塊，點按〔全部標記〕按鈕。

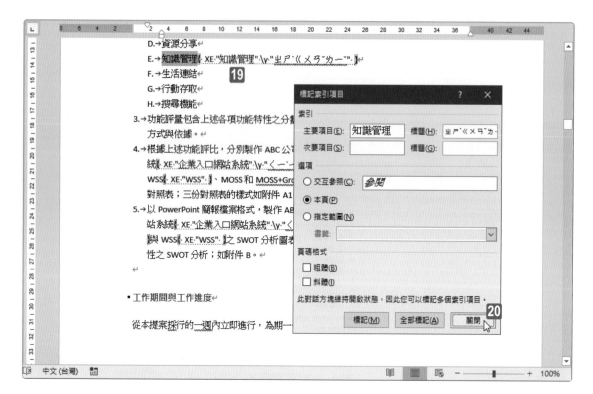

^{step}**19** 由於剛剛按下的是〔全部標記〕，因此本文裡的 5 個「知識管理」文字都會被標記為索引項目。

^{step}**20** 點按〔關閉〕按鈕，結束〔標記索引項目〕對話方塊的操作。

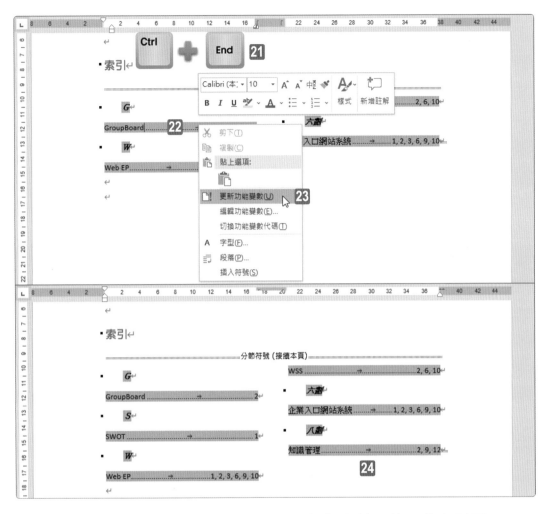

^{step}**21**　按下 Ctrl+End 按鍵讓文字游標移至整份文件最後面的索引頁。

^{step}**22**　以滑鼠右鍵點按索引目錄頁裡任何一個既有的索引項目。

^{step}**23**　從展開的快顯功能表中點選〔更新功能變數〕選項。

^{step}**24**　立即完成索引目錄頁的更新。

1 ── 2 ── 3 ── 4

在封面的「入口網站分析」文字下方的空白處，以功能變數的形式，插入此文件的作者姓名

評量領域：使用進階 Word 功能

評量目標：管理表單、功能變數與控制項

評量技能：添增自訂功能變數

解題步驟

step01 　移動文字游標至封面的「入口網站分析」文字下方的空白處。

step02 　點按〔插入〕索引標籤。

step03 　點按〔文字〕群組裡的〔快速組件〕命令按鈕。

step04 　從展開的下拉式選單中點選〔功能變數〕功能選項。

step**05** 開啟〔功能變數〕對話方塊，從功能變數名稱清單裡點選〔Author〕
(文件作者) 功能變數。

step**06** 點按〔確定〕按鈕。

step**07** 回到頁面即可看到所插入的〔Author〕(文件作者) 功能變數及其
內容。

1 ── **2** ── **3** ── **4**

建立一份新文件，啟動合併列印標籤，新增自訂標籤，標籤名稱設定為
「商品名條」，標籤規格為：上邊界 0.6 公分、側邊界 0.6 公分、標籤高
度為 3.2 公分、標籤寬度為 6.2 公分、垂直點數為 3.2 公分、水平點數為
6.2 公分、橫向數目 3、縱向數目 9，使用 A4 紙張。

評量領域：使用進階 Word 功能

評量目標：執行合併列印

評量技能：建立合併列印文件、標籤與信封

解題步驟

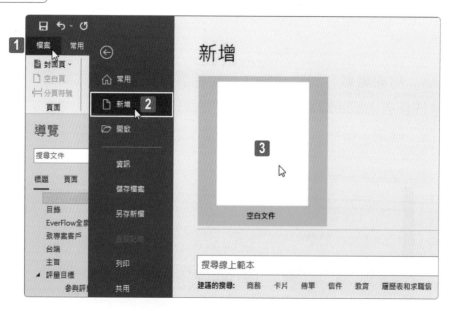

step01　點按〔檔案〕索引標籤，進入後台管理頁面。

step02　點按〔新增〕功能選項。

step03　點按〔空白文件〕範本。

^{step}**04** 點按〔郵件〕索引標籤。

^{step}**05** 點按〔啟動合併列印〕群組裡的〔啟動合併列印〕命令按鈕。

^{step}**06** 從展開的下拉式功能選單中點選〔標籤〕功能選項。

^{step}**07** 開啟〔標籤選項〕對話方塊，點按〔新增標籤〕按鈕。

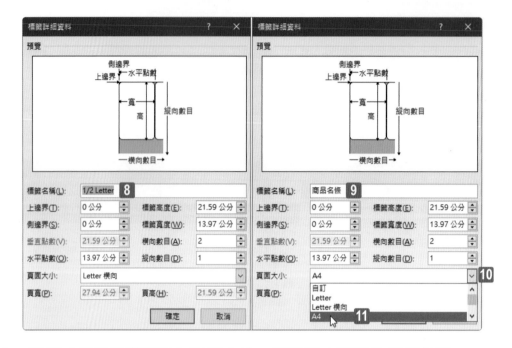

step08 開啟〔標籤詳細資料〕對話方塊，選取原本預設的標籤名稱。

step09 輸入新的標籤名稱「商品名條」。

step10 點選頁面大小下拉式選項按鈕。

step11 選擇頁面大小為「A4」。

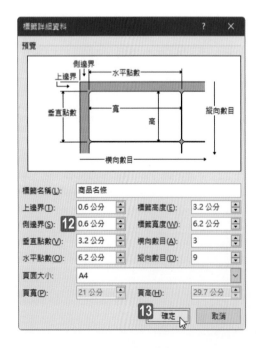

step12
設定標籤規格為上邊界 0.6 公分、側邊界 0.6 公分、垂直點數為 3.2 公分、水平點數為 6.2 公分、標籤高度為 3.2 公分、標籤寬度為 6.2 公分、橫向數目 3、縱向數目 9。

step13
點按〔確定〕按鈕。

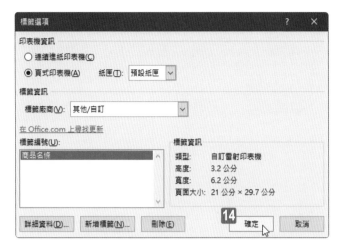

step**14**

回到〔標籤選項〕對話方塊，點按〔確定〕按鈕。

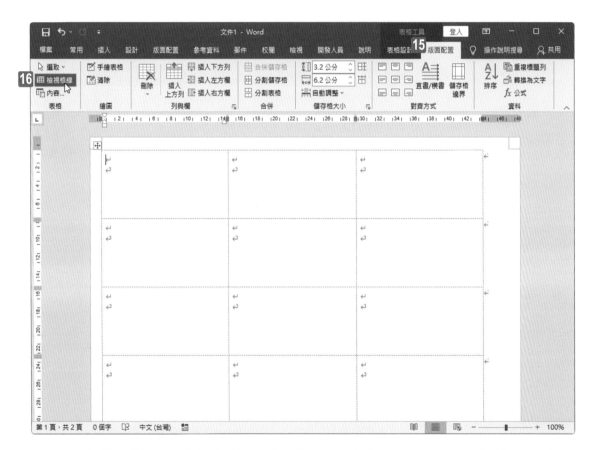

step**15** 由於標籤是由表格製作而成，為了要讓畫面上可以顯示標籤所在處，可以開啟表格的格線顯示。因此，可以點按〔表格工具〕底下的〔版面配置〕索引標籤。

step**16** 點按〔表格〕群組裡的〔檢視格線〕命令按鈕。

補充技能任務：延續前一任務，使用現有清單〔商品資料 .docx〕為標籤資料來源，標籤的合併欄位內容有 4 段文字，第 1 段為「商品代碼」；第 2 段為「商品類別」；第 3 段為「商品說明」；第 4 段為「單價」。更新標籤以後預覽結果。

評量領域：使用進階 Word 功能

評量目標：執行合併列印

評量技能：建立合併列印文件、標籤與信封

解題步驟

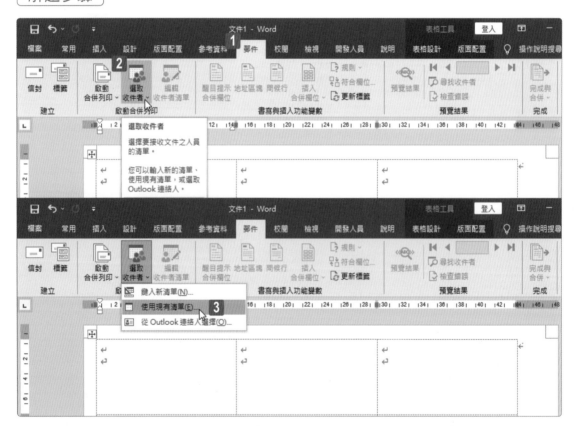

step01 點按〔郵件〕索引標籤。

step02 點按〔啟動合併列印〕群組裡的〔選取收件者〕命令按鈕。

step03 從展開的下拉式功能選單中點選〔使用現有清單〕功能選項。

step**04** 開啟〔選取資料來源〕對話方塊,切換至資料檔案的存放處。

step**05** 點選〔商品資料〕檔案。

step**06** 點按〔開啟〕按鈕。

step**07** 確認文字游標停在第一張標籤裡(表格裡的左上角儲存格)。

step**08** 點按〔郵件〕索引標籤。

step**09** 點按〔書寫與插入功能變數〕群組裡的〔插入合併欄位〕命令按鈕。

^{step}**10** 從展開的欄位清單中點選〔商品代碼〕選項。

^{step}**11** 第一張標籤裡面立即顯示〔商品代碼〕欄位的功能變數。請按下 Enter 按鍵,讓文字游標移至下一行。

^{step}**12** 從展開的欄位清單中點選〔產品類別〕選項。

^{step}**13** 第一張標籤裡面立即顯示〔產品類別〕欄位的功能變數。請按下 Enter 按鍵,讓文字游標移至下一行。

step**14** 從展開的欄位清單中點選〔商品說明〕選項。

step**15** 第一張標籤裡面立即顯示〔商品說明〕欄位的功能變數。請按下 Enter 按鍵,讓文字游標移至下一行。

step**16** 從展開的欄位清單中點選〔單價〕選項。

step**17** 第一張標籤裡面立即顯示〔單價〕欄位的功能變數。

目前表格裡的首張標籤已經置入四個合併欄位，也就是四個功能變數代碼，其他儲存格都尚未有任何來自資料來源的合併欄位，但是都自動包含了 <<Next Record(下一筆紀錄)>> 功能變數代碼。

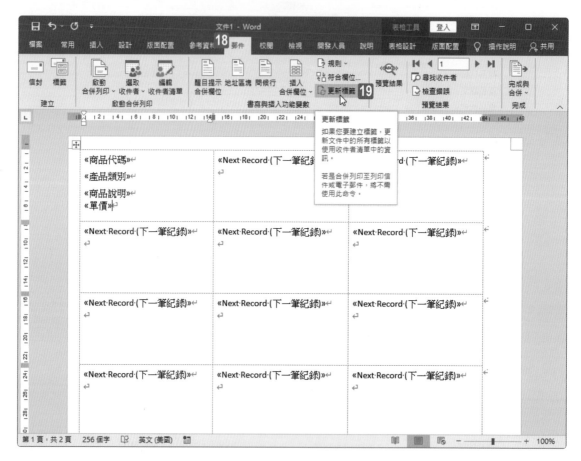

step**18**　點按〔郵件〕索引標籤。

step**19**　點按〔書寫與插入功能變數〕群組裡的〔更新標籤〕命令按鈕。

^{step}**20** 表格裡的每一張標籤都已經順利帶入 (複製) 首張標籤裡的各個合併
欄位的功能變數。

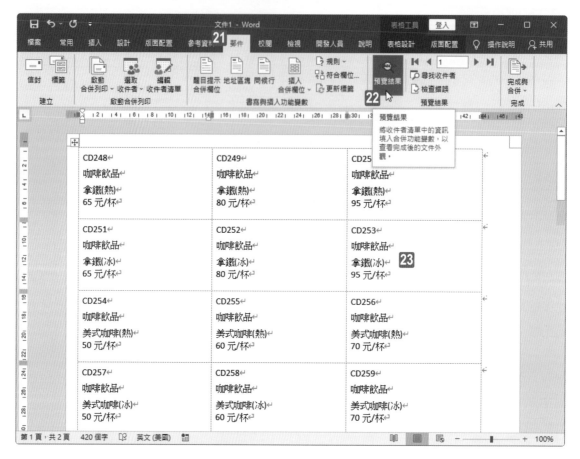

^{step}**21** 　點按〔郵件〕索引標籤。

^{step}**22** 　點按〔預覽結果〕群組裡的〔預覽結果〕命令按鈕。

^{step}**23** 　可以預覽商品標籤的合併列印結果。

專案 **7**　小品集

您正在為出版社編撰小品集，準備整理出書。請開啟〔F3P7 小品集 .docx〕文件，請完成以下各項任務。

使用檔案：F3P7 小品集 .docx、報告 .dotx

1 ── 2 ── 3 ── 4

請使用 Word 功能，將文件中的所有「不分行空格」更換為一般空格；再將文件中的所有「不分行連字號」更換為一般減號「-」字元。

評量領域：使用進階編輯化功能

評量目標：尋找、取代與貼上文件內容

評量技能：使用萬用字元與特殊字元進行文字的尋找及取代

解題步驟

step**01**　點按〔常用〕索引標籤。

step**02**　點按〔編輯〕群組裡的〔取代〕命令按鈕。

step**03**　開啟〔尋找及取代〕對話方塊，並切換至〔取代〕頁籤。

step**04**　點按〔更多〕按鈕。

〔尋找及取代〕對話方塊展開了更多功能選項，點按一下〔尋找目標〕文字方塊。

點按左下角的〔特殊〕按鈕。

從展開的格式功能選單中點選〔不分行空格〕選項。

step**08** 在〔尋找目標〕文字方塊裡可看到「^s」訊息,這是代表不分行空格的符號。

step**09** 點按一下〔取代為〕文字方塊,在此輸入一個空白格(按一下空間棒)。

step**10** 點按〔全部取代〕按鈕。

step**11**

完成取代後點按〔確定〕
按鈕。

step**12**

將原先〔尋找目標〕文字方
塊裡的內容「^s」刪除,準
備進行下一個資料的尋找
及取代。

step**13**

仍是點按一下〔尋找目標〕
文字方塊。

step**14**

點按左下角的〔特殊〕
按鈕。

step**15**

從展開的格式功能選單中
點選〔不分行連字號〕選
項。

step16 在〔尋找目標〕文字方塊裡可看到「^~」訊息,這是代表不分行連字
號的符號。

step17 點按一下〔取代為〕文字方塊。

step18 在此輸入一個減號字元 (即減法符號「-」)。

step19 點按〔全部取代〕按鈕。

step20 完成取代後點按〔確定〕按鈕。

step21 點按〔關閉〕按鈕,結束〔尋找及取代〕對話方塊的操作。

請只將文件資料夾內「小品範本」範本檔中的「標題1」樣式複製至目前的文件。請覆寫現有樣式,以變更文件標題外觀。注意:請將範本中的樣式複製至文件,不要將範本附加至文件中。

評量領域:使用進階編輯化功能
評量目標:建立與管理樣式
評量技能:複製樣式至其他文件或範本

解題步驟

step01   點按〔開發人員〕索引標籤。

step02   點按〔範本〕群組裡的〔文件範本〕命令按鈕。

step03   開啟〔範本與增益集〕對話方塊,點按左下方的〔組合管理〕按鈕。

step**04** 開啟〔組合管理〕對話方塊，點按〔樣式〕頁籤。

step**05** 目前右邊預設開啟的是 Normal.dotm 範本檔案，點按〔關閉檔案〕按鈕。

step**06** 關閉 Normal.dotm 範本檔案後點按〔開啟檔案〕按鈕。

step07 開啟〔開啟舊檔〕對話方塊,切換至資料檔案的存放處。

step08 點選「小品範本」樣式範本檔案。

step09 點按〔開啟〕按鈕。

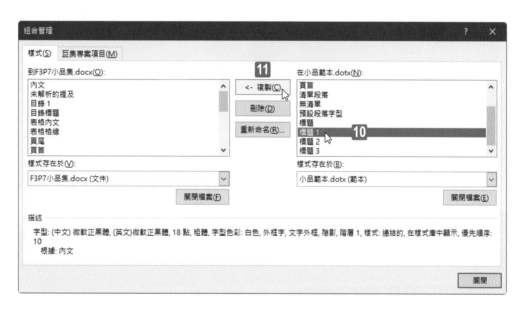

step10 回到〔組合管理〕對話方塊,點選右側在〔小品範本 .dotx〕裡的「標題 1」樣式。

step11 點按〔複製〕按鈕。

step**12**　彈跳出是否覆寫既有的樣式對話時，點按〔是〕按鈕。

step**13**　回到〔組合管理〕對話方塊，點按〔關閉〕按鈕。

請將此文件中的樣式以「小品集錦」為名，儲存為「樣式集」。並請將此「樣式集」檔案儲存在預設位置。

評量領域：建立自訂文件範本
評量目標：建立自訂設計元素
評量技能：建立自訂樣式集

解題步驟

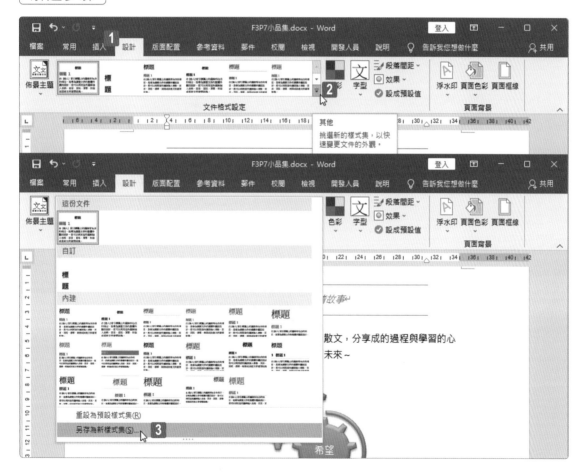

step01　點按〔設計〕索引標籤。

step02　點按〔文件格式設定〕群組裡的〔其他〕按鈕。

step03　從展開的樣式集清單中點選〔另存為新樣式集〕功能選項。

^{step}04　開啟〔另存為新樣式集〕對話方塊，使用預設位置儲存檔案。

^{step}05　輸入新的樣式集檔案名稱「小品集錦」。

^{step}06　點按〔儲存〕按鈕。

請在文件中第二張相片下方，顯示標號「圖表 2 未來智慧世界」。注意：Word 會自動加入文字：圖表 2。

評量領域：建立自訂文件範本
評量目標：建立與管理圖表目錄
評量技能：插入圖表標號

解題步驟

step01 點選文件裡的第二張圖片。

step02 點按〔參考資料〕索引標籤。

step03 點按〔標號〕群組裡的〔插入標號〕命令按鈕。

step**04** 開啟〔標號〕對話方塊,預設的圖表標號及號碼為「圖表 2」。

step**05** 在圖表標號及數字輸入之後輸入「未來智慧世界」。

step**06** 點按〔確定〕按鈕。

專案 **8**

糖果公司

您正在為幸福糖果禮盒公司製作專刊給潛在的客戶群。請開啟〔F3P8 糖果禮盒 .docx〕文件，完成下列各項任務。

使用檔案：F3P8 糖果禮盒 .docx

1 ——— 2 ——— 3 ——— 4

您正在為幸福糖果禮盒公司製作專刊給潛在的客戶群。請開啟〔F3P8 糖果禮盒 .docx〕文件，在「產品」小節中，請將「ほんのり甘い日文」一詞的校訂語言設為「日文」。

評量領域：管理文件選項與設定
評量目標：使用並設定語言選項
評量技能：設定編輯與顯示語言

〔解題步驟〕

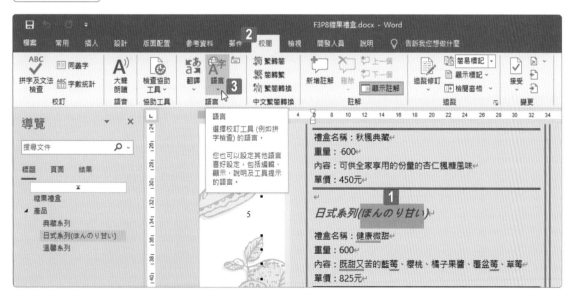

step01 選取文件裡位於「產品」一節裡的「ほんのり甘い」日文一詞。

step02 點按〔校閱〕索引標籤。

step03 點按〔語言〕群組裡的〔語言〕命令按鈕。

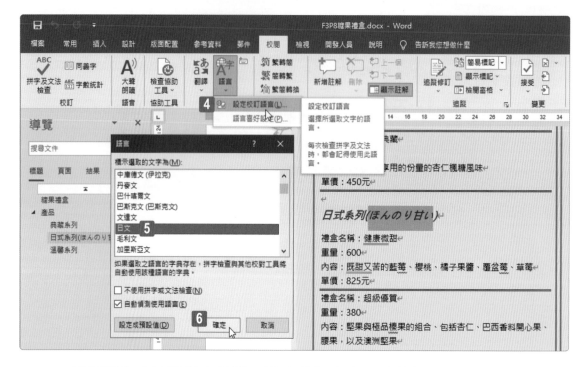

^{step}**04**　從展開的功能選單中點選〔設定校訂語言〕功能選項。

^{step}**05**　開啟〔語言〕對話方塊，選擇「日文」選項。

^{step}**06**　點按〔確定〕按鈕。

①　　②　　③　　④

請設定「斷字」功能為文件自動斷字。再設定行號會在每頁上方重新編號。

評量領域：使用進階編輯化功能
評量目標：設定段落配置選項
評量技能：設定斷字與行號

解題步驟

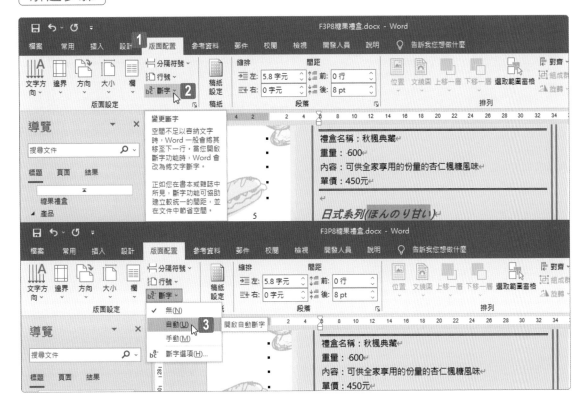

step01　點按〔版面配置〕索引標籤。

step02　點按〔版面設定〕群組裡的〔斷字〕命令按鈕。

step03　從展開的下拉式功能選單中點選〔自動〕選項。

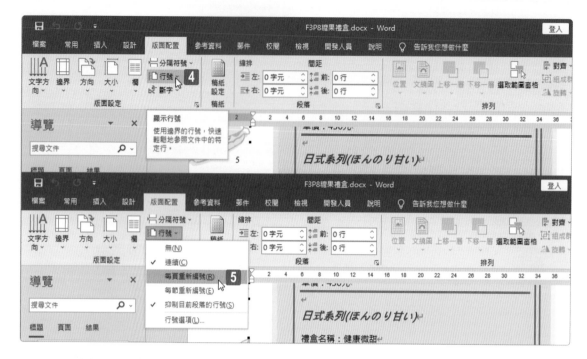

step**04** 點按〔行號〕命令按鈕。

step**05** 從展開的下拉式功能選單中點選〔每頁從新編號〕選項。

請將標題文字「糖果禮盒」標記為索引項目。

評量領域：建立自訂文件範本

評量目標：建立與管理索引

評量技能：標記索引項目

解題步驟

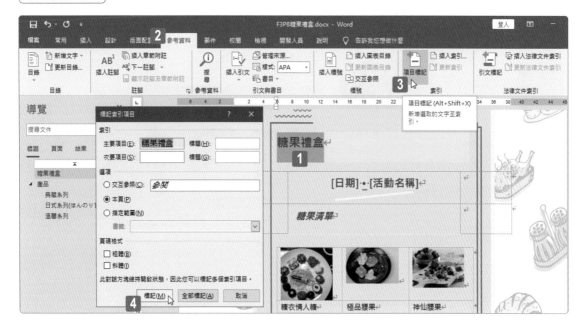

step01　選取文件裡的標題文字「糖果禮盒」。

step02　點按〔參考資料〕索引標籤。

step03　點按〔索引〕群組裡的〔項目標記〕命令按鈕。

step04　開啟〔標記索引項目〕對話方塊，點按〔標記〕按鈕。

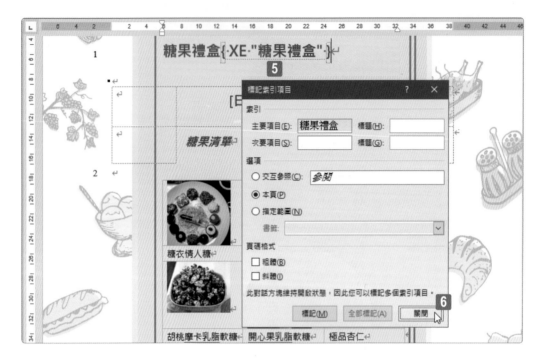

step**05** 完成索引標記的文字，在顯示編輯標記的環境下也可以在文中看到其
索引項目的編碼 {XE…}，表示此處已經完成索引項目的標記。

step**06** 點按〔關閉〕按鈕，結束〔標記索引項目〕對話方塊的操作。

1 ── 2 ── 3 ── 4

在「糖果清單」小節中,請選取第一次出現的「腰果」,然後,錄製名為「特色品項」的巨集,將粗體和斜體以及字型色彩為紅色的字型樣式,套用至所選取的文字。接著,請停止錄製。請將巨集儲存在目前的文件中。

評量領域:使用進階 Word 功能

評量目標:建立與修改巨集

評量技能:錄製簡單巨集

解題步驟

為了要快速找尋文件裡的特定文字,可以開啟導覽窗格進行文字的尋找與定位。此時可點按〔檢視〕索引標籤,勾選〔顯示〕群組裡的〔功能窗格〕核取方塊,畫面左側便會開啟〔導覽〕窗格。

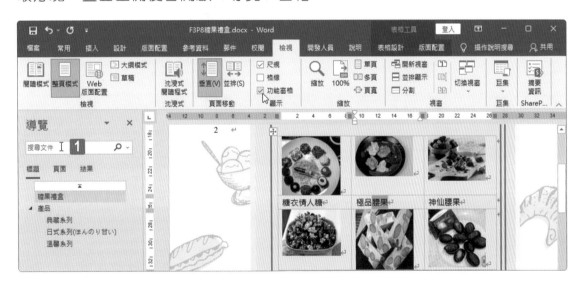

step01 點按〔導覽〕窗格裡的〔搜尋文件〕文字方塊。

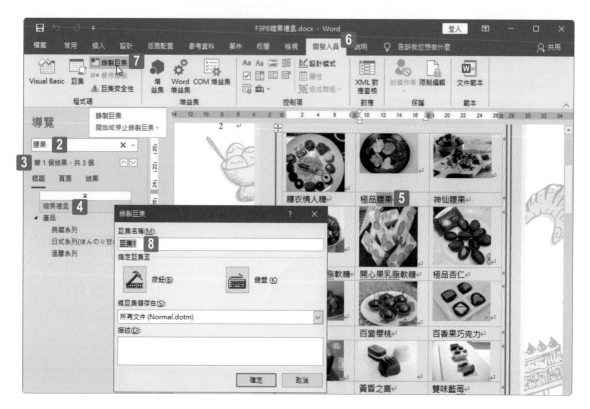

step02 輸入文字「腰果」。

step03 立即顯示尋找結果。例如此例文件裡有 3 個「腰果」文字。

step04 〔導覽〕窗格和內文畫面立即以黃色醒目格式顯示所有的「腰果」文字。

step05 選取本文裡第一次出現的「腰果」文字。

step06 點按〔開發人員〕索引標籤。

step07 點按〔程式碼〕群組裡的〔錄製巨集〕命令按鈕。

step08 開啟〔錄製巨集〕對話方塊,選取預設的巨集名稱將其移刪除。

step09 輸入巨集名稱「特色品項」。

step10 選擇將巨集儲存在〔F3P8 糖果禮盒 .docx〕裡。

step11 點按〔確定〕按鈕開始進行巨集的錄製。

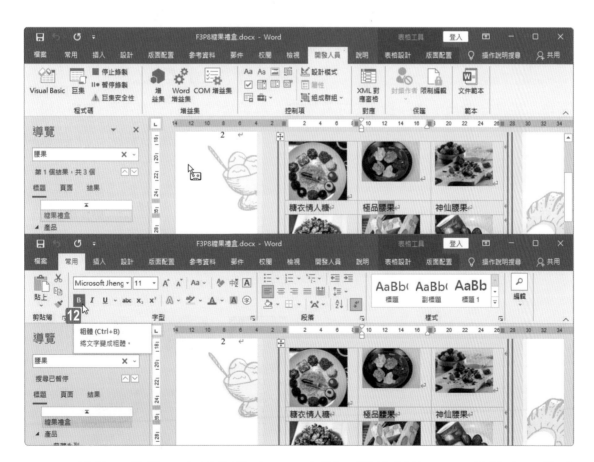

step12 點按〔常用〕索引標籤底下〔字型〕群組裡的〔B〕粗體字型樣式
按鈕。

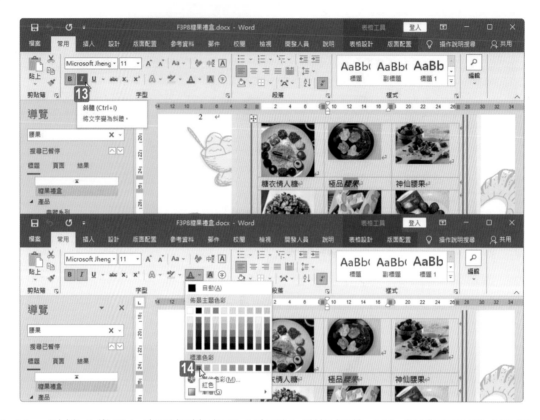

^{step}**13**　點按〔常用〕索引標籤底下〔字型〕群組裡的〔I〕斜體字型樣式按鈕。

^{step}**14**　點按〔常用〕索引標籤底下〔字型〕群組裡的字型色彩鈕，並從展開的色盤中點選〔紅色〕。

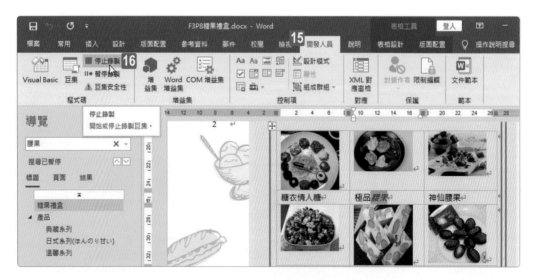

^{step}**15**　點按〔開發人員〕索引標籤。

^{step}**16**　點按〔程式碼〕群組裡的〔停止錄製〕命令按鈕。

專案 **9**

客戶問卷

您是汽車問卷訪查資料公司的專案助理，正在完成每個月要寄送給客戶的每月電子報。請開啟〔F3P9 客戶問卷 .docm〕文件，完成下列各項任務。

使用檔案：F3P9 客戶問卷 .docm、訂閱者 .xlsx

請設定「斷字」功能選項，關閉此電子報文件內容的自動斷字功能，並將原本設定為自動編號的行號，改設為無行號。

評量領域：使用進階編輯化功能

評量目標：設定段落配置選項

評量技能：設定斷字與行號

解題步驟

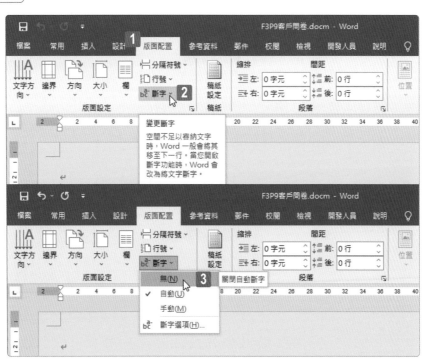

step**01**　點按〔版面配置〕索引標籤。

step**02**　點按〔版面設定〕群組裡的〔斷字〕命令按鈕。

step**03**　從展開的下拉式功能選單中點選〔無〕選項。

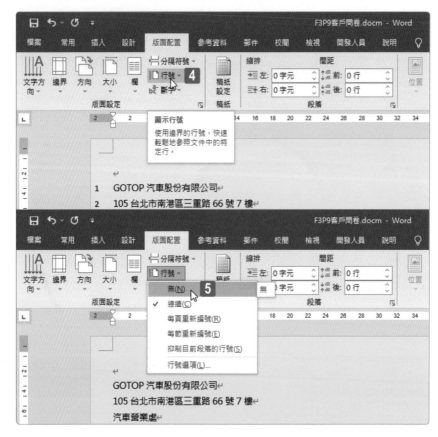

step**04**　點按〔行號〕命令按鈕。

step**05**　從展開的下拉式功能選單中點選〔無〕選項。

請修改「標題」樣式，設定 16 點的字型大小，並設定此段落前必須分頁。
請選擇「只在此文件」選項儲存此樣式的變更。

評量領域：使用進階編輯化功能

評量目標：建立與管理樣式

評量技能：修改既有的樣式

解題步驟

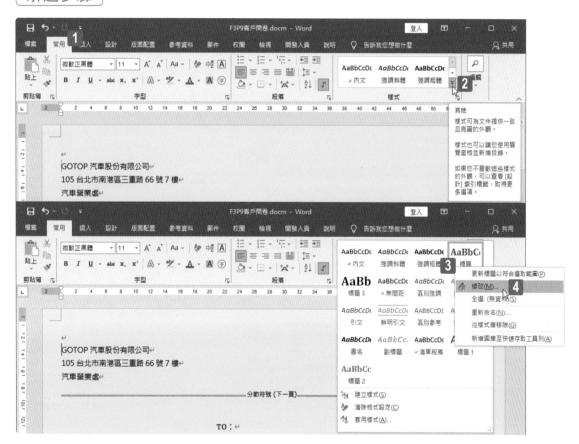

^{step}**01**　點按〔常用〕索引標籤。

^{step}**02**　點按〔樣式〕群組旁的〔其他〕按鈕。

^{step}**03**　從展開的樣式清單中，以滑鼠右鍵點按一下〔標題〕樣式。

^{step}**04**　從展開的快顯功能表中點按〔修改〕功能選項。

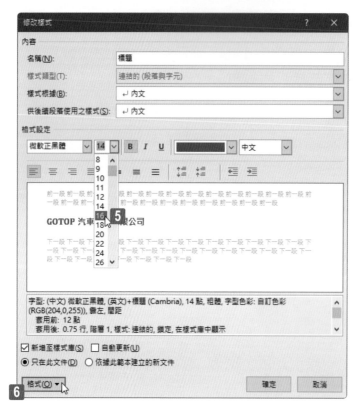

step05

開啟〔修改樣式〕對話方塊，點選字型大小的下拉式選單，選擇「16」。

step06

點按左下角的〔格式〕按鈕。

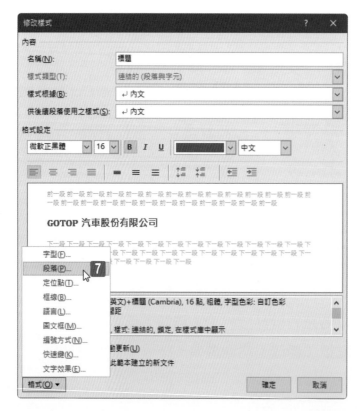

step07

從展開的〔格式〕功能選單中點選〔段落〕選項。

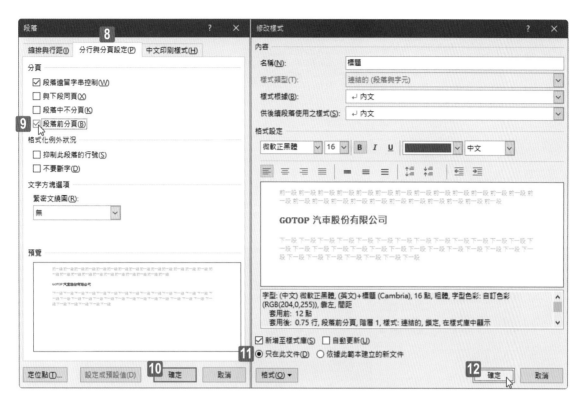

^{step}**08** 開啟〔段落〕對話方塊,點按〔分行與分頁設定〕頁籤。

^{step}**09** 勾選〔段落前分頁〕核取方塊。

^{step}**10** 點按〔確定〕按鈕,結束〔段落〕對話方塊的操作。

^{step}**11** 回到〔修改樣式〕對話方塊,點選「只在此文件」選項。

^{step}**12** 點按〔確定〕按鈕。

請修改「Paragraph_Format」巨集，將巨集名稱變更為 Subject，並使其套用 14pt 的字型大小，而非 12pt 的字型大小。

評量領域：使用進階 Word 功能

評量目標：建立與修改巨集

評量技能：命名簡單巨集

解題步驟

step01　點按〔開發人員〕索引標籤。

step02　點按〔程式碼〕群組裡的〔巨集〕命令按鈕。

step03　開啟〔巨集〕對話方塊，點選〔Paragraph_Format〕巨集。

step04　點按〔編輯〕按鈕。

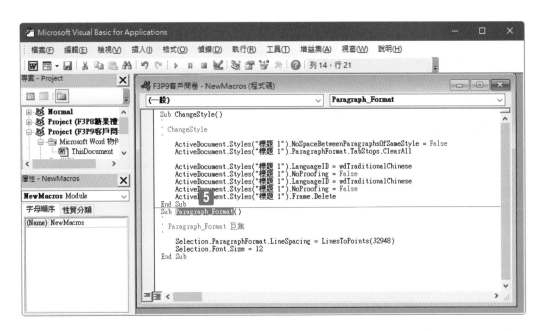

05　開啟〔Microsoft Visual Basic for Application〕視窗，選取程式碼視窗裡原本的巨程式名稱「Paragraph_Format」。

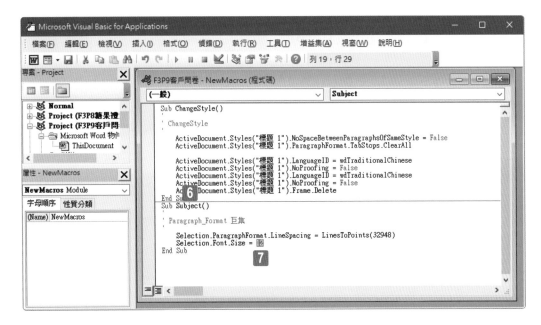

step06　修改巨集名稱為「Subject」。

step07　選取程式碼 Selection.Font.Size=12 裡的「12」。

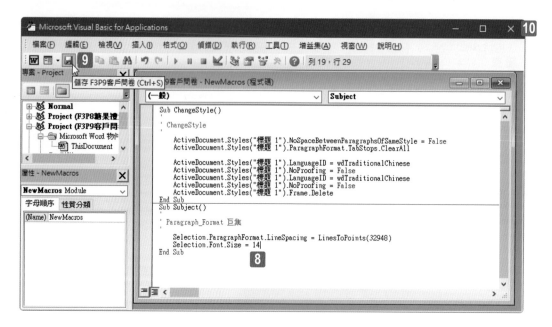

step**08** 　改輸入為「14」。

step**09** 　點按〔儲存〕工具按鈕。

step**10** 　點按〔Microsoft Visual Basic for Application〕視窗右上角的關閉視
　　　　窗按鈕，回到 Word 文件編輯視窗。

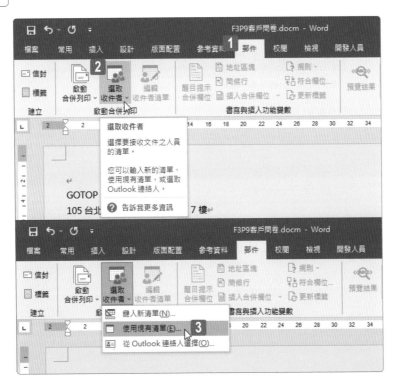

以〔訂閱者.xlsx〕為資料來源，進行信件合併列印，並至文件最上方的信封中，在文字方塊裡「TO：」的右邊置入「姓名」及「先生女士」合併欄位（必須在同一行，不能分行），並在其下方的空白段落置入「郵遞區號」、「縣市」、「鄉鎮區」等三個合併欄位（必須在同一行，不能分行），最後在下一空白段落置入「地址」合併欄位。請使用「預覽」檢視記錄1的合併結果。

評量領域：使用進階 Word 功能

評量目標：執行合併列印

評量技能：插入合併欄位

解題步驟

step01 點按〔郵件〕索引標籤。

step02 點按〔啟動合併列印〕群組裡的〔選取收件者〕命令按鈕。

step03 從展開的下拉式功能選單中點選〔使用現有清單〕功能選項。

step**04**　開啟〔選取資料來源〕對話方塊,切換至資料檔案的存放處。

step**05**　點選〔訂閱者〕檔案。

step**06**　點按〔開啟〕按鈕。

step**07**　開啟〔選取表格〕對話方塊,點選〔名冊$〕表格。

step**08**　點按〔確定〕按鈕。

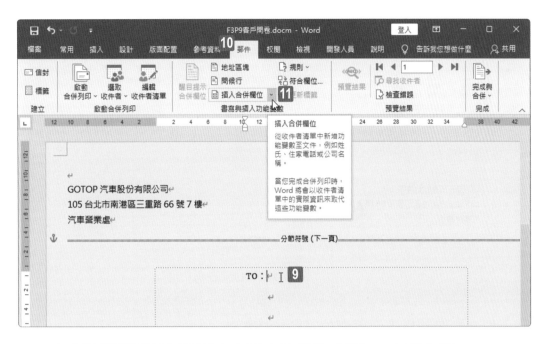

step**09**　文字游標移至信封頁下方文字方塊裡的「TO 」文字右側。

step**10**　點按〔郵件〕索引標籤。

step**11**　點按〔書寫與插入功能變數〕群組裡的〔插入合併欄位〕命令按鈕。

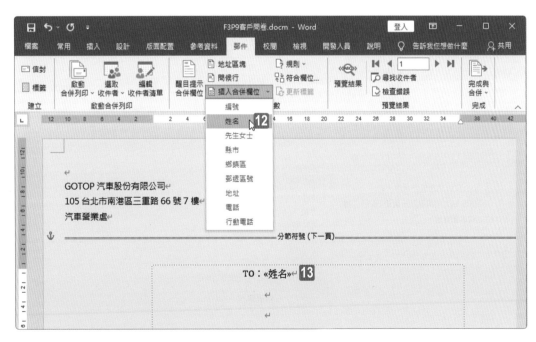

step**12**　從展開的欄位清單中點選〔姓名〕選項。

step**13**　成功加入〔姓名〕欄位的功能變數。

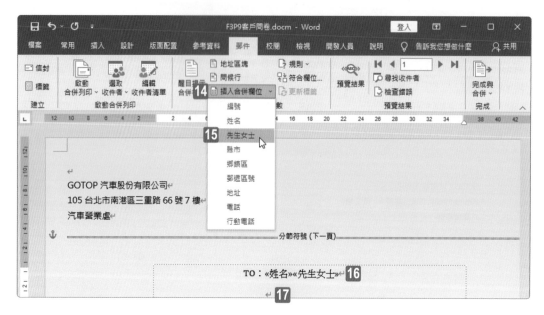

step**14** 再次點按〔插入合併欄位〕命令按鈕。

step**15** 從展開的欄位清單中點選〔先生女士〕選項。

step**16** 成功加入〔先生女士〕欄位的功能變數。

step**17** 讓文字游標移至下一行。

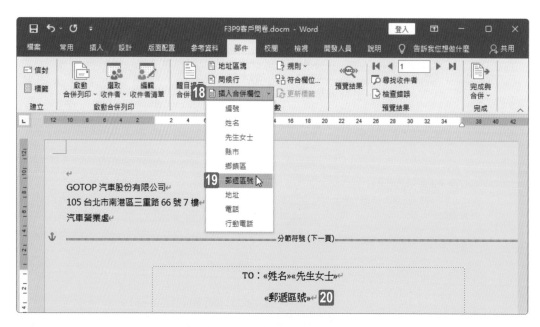

step**18** 再次點按〔插入合併欄位〕命令按鈕。

step**19** 從展開的欄位清單中點選〔郵遞區號〕選項。

step**20** 成功加入〔郵遞區號〕欄位的功能變數。

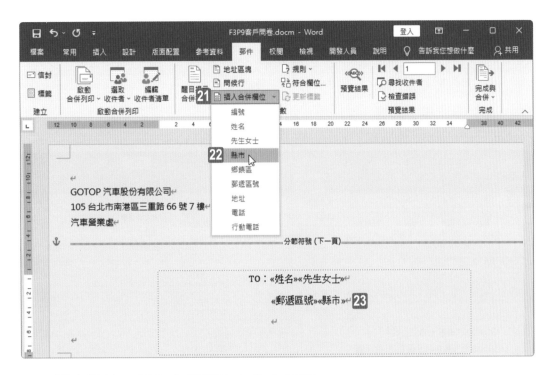

step**21** 再次點按〔插入合併欄位〕命令按鈕。

step**22** 從展開的欄位清單中點選〔縣市〕選項。

step**23** 成功加入〔縣市〕欄位的功能變數。

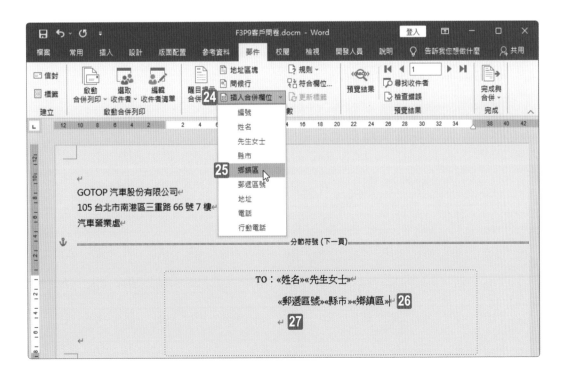

^{step}**24** 再次點按〔插入合併欄位〕命令按鈕。

^{step}**25** 從展開的欄位清單中點選〔鄉鎮區〕選項。

^{step}**26** 成功加入〔鄉鎮區〕欄位的功能變數。

^{step}**27** 讓文字游標移至下一行。

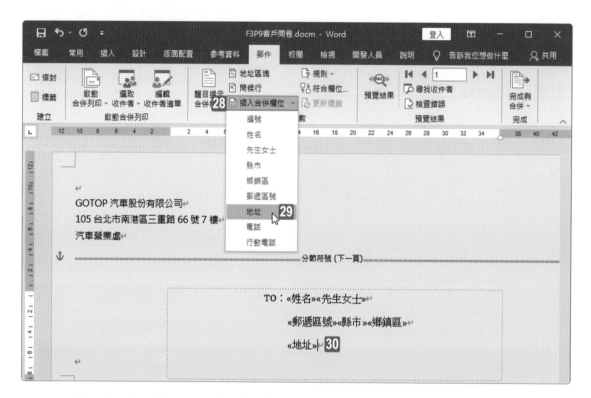

^{step}**28** 再次點按〔插入合併欄位〕命令按鈕。

^{step}**29** 從展開的欄位清單中點選〔地址〕選項。

^{step}**30** 成功加入〔地址〕欄位的功能變數。

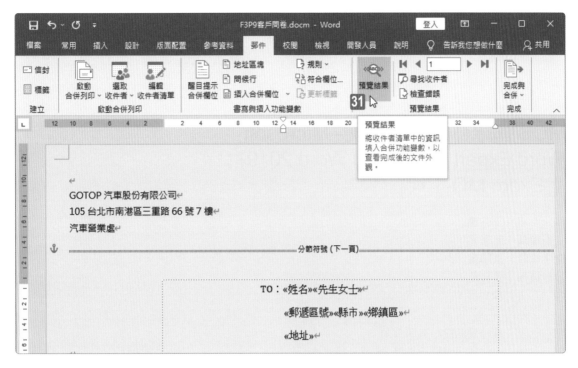

step**31** 點按〔預覽結果〕群組裡的〔預覽結果〕命令按鈕。

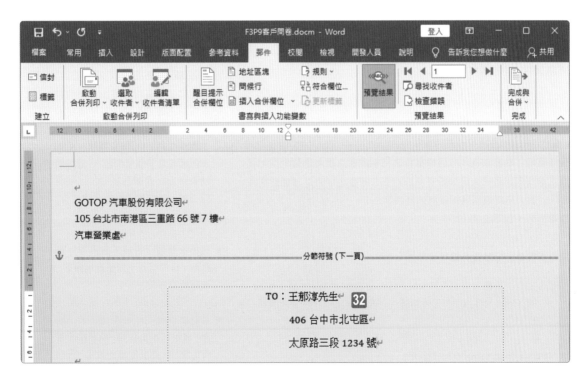

step**32** 可以預覽合併列印結果,原本顯示功能變數代碼的信封面立即帶入資料來的內容。

MOS 國際認證應考指南--Microsoft Word Expert (Word and Word 2019)｜Exam MO-101

作　　者：王仲麒
企劃編輯：郭季柔
文字編輯：詹祐甯
設計裝幀：張寶莉
發 行 人：廖文良

發 行 所：碁峰資訊股份有限公司
地　　址：台北市南港區三重路 66 號 7 樓之 6
電　　話：(02)2788-2408
傳　　真：(02)8192-4433
網　　站：www.gotop.com.tw
書　　號：AER057600
版　　次：2021 年 11 月初版
建議售價：NT$450

國家圖書館出版品預行編目資料

MOS 國際認證應考指南：Microsoft Word Expert (Word and Word
　2019) Exam MO-101 / 王仲麒著. -- 初版. -- 臺北市：碁峰資訊,
　2021.11
　　面；　公分
　　ISBN 978-626-324-024-7(平裝)
　　1.WORD(電腦程式)　2.考試指南
312.49W53　　　　　　　　　　　　　　　　　110018556

讀者服務

- 感謝您購買碁峰圖書，如果您對本書的內容或表達上有不清楚的地方或其他建議，請至碁峰網站：「聯絡我們」\「圖書問題」留下您所購買之書籍及問題。(請註明購買書籍之書號及書名，以及問題頁數，以便能儘快為您處理)
  http://www.gotop.com.tw

- 售後服務僅限書籍本身內容，若是軟、硬體問題，請您直接與軟、硬體廠商聯絡。

- 若於購買書籍後發現有破損、缺頁、裝訂錯誤之問題，請直接將書寄回更換，並註明您的姓名、連絡電話及地址，將有專人與您連絡補寄商品。